**모든 공룡에게는
그들만의 이야기가 있다**

지금도 살아 있는 공룡의 경이로운 생명의 노래

# 모든 공룡에게는 그들만의 이야기가 있다

다나카 고헤이 감수 | 마루야마 다카시 글 | 마쓰다 유카 만화

이융남 한국어판 감수 | 서수지 옮김

레몬한스푼

# 머리말

페스카토레가 뭐지? 소선거구제는 뭐고? 연동형 비례대표제는 또 뭐야? 살다 보면 알 듯 말 듯 알쏭달쏭한데 얼렁뚱땅 '아는 척'하며 시치미 뚝 떼고 사용하는 말이 참 많다. 이 세상에는 듣도 보도 못한 말이 얼마나 많은지······.

공룡도 마찬가지다. 도감에 실리는 공룡 몸 색깔은 어떤 기준으로 정할까? 복슬강아지처럼 복슬복슬한 털이 난 공룡이 있다고? 공룡이 멸종하지 않았다는 말이 사실일까? 여러분은 이 질문에 대답할 수 있나?

가령 데이트하러 공룡 특별전을 보러 갔다고 상상해 보자.

"시노사우롭테릭스Sinosauropteryx네. 골격 주위가 거무스름해. 왜 이런 색일까?"

전시물을 보고 무심코 중얼거리는 데이트 상대.

여기서 무심한 듯 대답해 주는 나.

"아, 이거. 깃털의 흔적이야. 살아 있을 때는 복슬복슬한 밤색 털에 꼬리에는 줄무늬가 있었대. SEM주사 전자 현미경, scanning electron microscope으로 분석해서 알아냈다나 봐."

해박한 지식을 주섬주섬 주워섬기면서도 잘난 체하지 않는 의외의 모습에 눈이 휘둥그레진 데이트 상대. 사람이 달라 보이지 않을까? 반전 매력을 선보인 덕분에 어쩌면 운이 좋아 썸을 타는 관계에서 진짜 사귀는 사이로 발전할 수도 있다.

이 책에는 어린 시절 공룡에 빠졌던 사람이라면 한 번쯤 들어 보았을 법한, 이제는 남에게 묻기도 민망한 공룡 지식이 담겨 있다. 연구자들도 연구한 보람이 있다며 벙실벙실 웃을 만한 최신 연구 성과도 차곡차곡 야무지게 그러모았다.

꼭 데이트 상대에게만 좋은 것은 아니다. 자기 전 10분 자녀에게 공룡에 관해 이야기하고 책을 함께 읽는다면 최고의 부모를 넘어 치명적인 매력을 지닌 배우자가 되지 않을까?

이런 연유로 공룡에 관해 이야기한 이 책은 매력 덩어리다. 어디서 약을 파냐고? 속는 셈 치고 믿어 보시라. 이렇게 허세를 부리며 나는 무슨 요리인지 알지도 못하는 페스카토레를 주문하기로 했다.

**공룡 학자 다나카 고헤이**

어린 시절 상상 속 공룡이나 장난감 공룡과 놀아 보지 않은 사람이 얼마나 될까. 30~40대라면 '둘리'라는 만화를 보면서 말썽꾸러기 초능력 공룡과 친구가 되고, 영화 〈쥬라기 공원〉을 보고 랩터에 푹 빠져 지냈을 수도 있다. 생각난 김에 찾아보니 둘리의 아버지 김수정 작가는 케라토사우루스라는 공룡을 모델로 둘리를 그렸는데, 팬들은 둘리의 엄마가 브라키오사우루스를 닮았다고 지적한다. 믿거나 말거나 둘리 출생의 비밀(?)과 가족사는 여전히 풀리지 않는 수수께끼로 남아 있단다.

어쩌면 공룡 스티커를 모으고 플라스틱이나 고무로 만든 공룡 장난감을 한두 마리씩 모아 친구와 놀이터 모래사장에서 괴수 대전을 펼친 경험이 있을 수도 있다.

아기 공룡 둘리를 모르는 세대라도 부모님이 사 준 학습 만화에 나오는 유익하고 교육적인 이야기는 대충 건너뛰고 무시무시한 이빨을 드러낸 거대한 괴수, 공룡이 등장하는 편을 열심히 읽고 친구들과 어느 공룡이 더 강한지를 두고 입씨름을 했던 추억이 있지 않을까.

공룡은 아련한 어린 시절의 향수와 추억과 함께하는 소재다. 이 책을 통해 어른이 되어 잊고 있던 그 시절 우리의 친구, 공룡을 아기자기한 그림과 골드 버튼 유튜버의 동영상 설명처럼 머리에 쏙쏙 들어오는 설명과 함께 다시 만나 보자.

평소 책을 멀리했더라도 출퇴근길 휴대전화로 틈틈이 웹툰을 챙겨 보았다면, 이 책과 충분히 친해질 수 있으니, 부담 갖지 말고 공룡의 세계에 풍덩 빠져들어 보자.

이 책에 나오는 공룡 친구들이 독자 여러분을 하루하루가 새롭고 설레던 그때 그 시절로 데려가는 시간 여행의 동무가 되어 주리라 믿는다!

**역자 서수지**

## 티라노사우루스

백악기 말에 등장한 육식 공룡의 최종형. 거대하고 강하다. 공룡을 사랑하는 어린이가 환호하는 최강 공룡. 새끼 시절에는 날렵한 몸매에 복슬복슬한 털이 나 있었다나?

공룡류·수각류 / 12~13m

## 트리케라톱스

초식 공룡 인기 1위. 티라노사우루스와 마찬가지로 백악기 말 북아메리카에 서식하던 경쟁자? 3개의 긴 뿔과 화려한 프릴이 매력 포인트.

조반류·케라톱스류 / 8~9m

용반류·수각류 / 1.8m

## 벨로키랍토르

아담한 몸집과 달리 위험한 육식 공룡. 뒷다리의 발톱이 한 개만 이상할 정도로 커다랗다. 이 발톱은 갈고리발톱Sickle claw이라 불리며, 걸을 때는 걸리적거리지 않도록 치켜들고 다녔다.

## 시조새

공룡과 새의 중간 특징을 지녔다. 가장 원시
적인 조류로 여겨지는데 시조새의 자손이
현재의 새가 되었다는 말은 아니다. 날 수
있었다고는 하나 활공 수준에 불과했다는
주장도……

조류 / 0.5m

## 이구아노돈

단단한 부리로 식물을 뜯어 먹었던
전형적인 조각류鳥脚類 공룡. 유럽,
북아메리카, 아시아, 아프리카 등 넓
은 범위에서 서식했다.

조반류·조각류 / 10m

용반류·용각류 / 25m

## 브라키오사우루스

뒷다리보다 앞다리가 상당히
길고 키가 큰 용각류龍脚類 공룡
중에서도 특히 키다리. 봉긋한
코 위가 매력 포인트.

## 안킬로사우루스

울퉁불퉁하고 딱딱한 피부와 누름돌처럼 묵직한 꼬리로 몸을 지키는 곡룡류曲龍類 최대 공룡.

조반류·곡룡류 / 9m

용반류·수각류 / 11m

## 데이노케이루스

두 발로 걷는 이족 보행을 하는 수각류 공룡으로 앞발이 무척 크다. '무서운 손 terrible hand'이라는 그리스어에서 학명을 따왔다.

## 파라사우롤로푸스

머리뼈가 자라 볏이 되었고, 볏 안의 빈 부분에서 일어나는 반향反響 현상으로 큰 소리를 냈다는 주장도?

조반류·조각류 / 11m

## 스피노사우루스

사상 최대 육식 공룡. 강이
나 호수에 살았다. 길쭉한
주둥이와 긴 꼬리, 등에 달
린 돛 모양 신경배돌기가 눈
길을 사로잡는다.

조반류·수각류 / 16m

## 스테고사우루스

뒤통수에서 꼬리까지 이어
진 골판 17개와 꼬리 가시
4개가 특징.

조반류·검룡류 / 7~9m

## 파키케팔로사우루스

정수리뼈가 두꺼워져
돔구장 지붕처럼
불룩 솟아 있다. 한때 돌머리
와 박치기로 유명했던 후두류
공룡.

조반류·후두류 / 4.5m

## 오비랍토르

다른 공룡 알을 날름 먹어 치우는 알 도둑
공룡이라고 의심하기도 했으나 알고 보니
알이 부화할 때까지 따뜻하게 품는 포란抱
卵 습성으로 유명.

용반류·수각류 / 2m

## 프로토케라톱스

다소 원시적인 케라톱스류. 프릴은
큼직했으나 뿔은 발달하지 않았다.

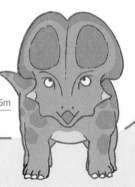

조반류·케라톱스류 / 2.5m

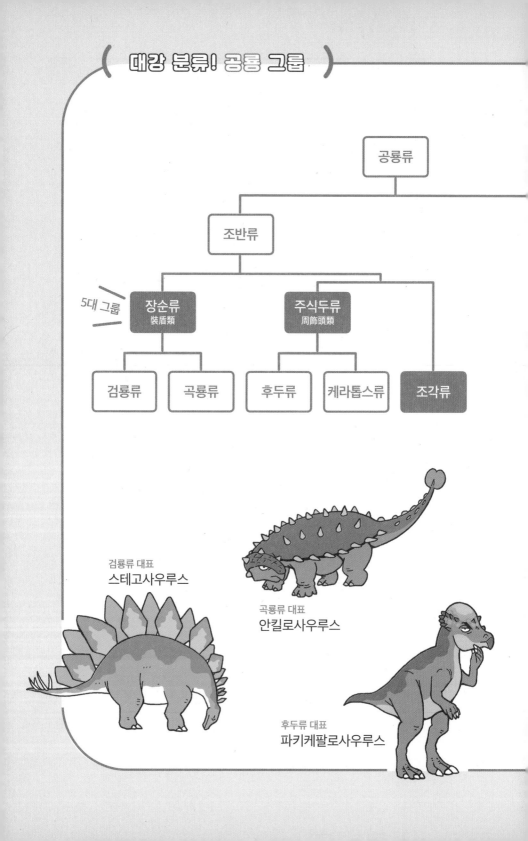

공룡류

조반류

5대 그룹

장순류
裝盾類

주식두류
周飾頭類

검룡류

곡룡류

후두류

케라톱스류

조각류

검룡류 대표
스테고사우루스

곡룡류 대표
안킬로사우루스

후두류 대표
파키케팔로사우루스

조류 대표
**시조새**

용반류

용각류　수각류　조류

용각류 대표
**브라키오사우루스**

수각류 대표
**티라노사우루스**

케라톱스류 대표
**트리케라톱스**

조각류 대표
**이구아노돈**

# 대충 이때쯤! 공룡이 살던 시대

| 트라이아스기 | 쥐라기 |
|---|---|

## 트라이아스기

2억 5,200만 년 전~

**기후**

덥고 건조한 시대.

**대륙**

초대륙 판게아

➡ 후기에는 판게아가 둘로 나뉘기 시작했다.

● 중기, 공룡의 탄생! 아직 작고 약했다.

● 후기에는 대형 초식 공룡도 출현.

## 쥐라기

2억 100만 년 전~

**기후**

비가 많은 열대 기후.

**대륙**

대륙은 북쪽의 로라시아 대륙과 남쪽의 곤드와나 대륙으로 나뉘었다.

● 중기에 스테고사우루스과 공룡들이 등장, 백악기 전기까지 다양한 검룡류가 번성했다.

● 후기에는 초식 공룡이 몸집을 불려 거대화했고 이에 맞추어 육식 공룡도 덩치를 키웠다.

● 후기, 시조새 등 원시 조류 탄생!

# 백악기

## 기후

따뜻한 시대였으나
지역에 따라 계절이 있는 기후였다.

## 대륙

대륙 분열이 계속되어
몇 개의 대륙으로 나뉘어 있었다.

● 백악기를 통틀어 이구아노돈과
하드로사우루스과 공룡들이
크게 번성했다.

● 조류가 진화를 거듭해
차츰 하늘은 익룡보다
조류의 세상이 되었다.

● 티라노사우루스, 트리케라톱스,
안킬로사우루스는
백악기 가장 말기에 출현!

# 목차

## 1장

## 엄청난 오해와 사소한 오해

# 2장

# 두근두근! 슈퍼스타들

# 3장

# 공룡의 평범한 일상

(4장)

# 공룡이라도 사랑이 하고 싶어

# 엄청난 오해와
# 사소한 오해

## 1 공룡은 괴수가 아니다

설마 공룡과 영화에 나오는 괴수를 혼동하는 독자는 없겠지만, 이 책의 제목이 《모든 공룡에게는 그들만의 이야기가 있다》인지라 먼저 이 이야기부터 시작해야 할 듯 싶다.

괴수라는 말은 원래 중국에서 '요괴'와 마찬가지 의미로 사용되었는데, 지금은 대중에게 '특수 촬영 작품에 등장하는 거대 생물'이라는 이미지가 강하다. '울트라 괴수'는 영화 〈퍼시픽 림〉에서도 거대한 생체 병기 '카이주KAIJU'로 불렸다. 최초로 이런 이미지를 내세운 건 괴수의 왕으로 칭해지는 고지라(일본에서는 '고지라', 할리우드에서는 '고질라-옮긴이)였다.

고지라는 공룡을 참고해서 디자인했다고 하는데, 작품 속에서는 '중생대 해양 파충류에서 육상 파충류로 진화하는 과정에 있는 생물'이라는 설정이다. 여러분도 알다시피 포유류의 조상은 파충류가 아닌 한층 원시적인 네발 동물이다. 물론 〈고지라〉 개봉 당시(1954년)를 고려하면 있을 법한 설정이다. 어쨌든 이 공룡을 모델로 한 유명 괴수의 영향으로 공룡과 괴수를 혼동하는 사람이 고령자를 중심으로 일정 수 존재하는 게 사실이다.

그렇다면 괴수와 공룡은 어떻게 다를까? 설명이라고 하기에도 민망한 수준이나, 실제로 존재하느냐 아니냐 하는 차이다. 또 하나의 큰 차이는 공룡은 고지라처럼 가슴을 쫙 편 자세로 서지 않는다. 두 발로 걷는 공룡이라도 앞으로 살짝 숙인 자세로 걸어 다닌다. 최근 리메이크된 영화 속 고지라는 꼬리를 끌지 않지만, 여전히 직립 보행을 한다. 피규어 등으로 만들어진 관련 상품을 보면 가슴을 활짝 펴고 있으니, 공룡이라고 할 수 없지 않을까.

재잘재잘

참고로 '괴수'의 '수獸'는 짐승, 즉 포유류를 의미해. 파충류 타입의 거대 생물은 '괴수'가 아닌 '괴룡怪龍'이라고 부르는 게 적합하지 않을까.

## 2 그러니까 공룡이 뭔데?

자, 드디어 본론이다. 공룡이란 어떤 생물일까? 예를 들어 티라노사우루스, 스테고사우루스, 브라키오사우루스 등이 공룡이다. 그렇다고 대충 '사우루스'가 붙으면 공룡이라고 생각하면 성급한 일반화의 오류다. 모사사우루스 Mosasaurus는 거대한 바다 도마뱀이고, 엘라스모사우루스Elasmosaurus는 목이 긴 장경룡, 이크티오사우루스Ichthyosaurus는 어룡이다. '사우루스'는 '도마뱀'이라는 뜻으로 현생 목도리도마뱀도 학명은 'Chlamydosaurus kingii'으로 '사우루스'가 붙는다. 공룡도 어쨌든 파충류라 이름에 '사우루스'를 붙였을 따름이다.

그렇다면 파충류 중에서 유독 공룡에게서만 볼 수 있는 특징은 무엇일까? 바로 다리 모양이다. 머릿속으로 도마뱀을 떠올리면 이해하기 쉽다. 파충류의 다리는 대부분 몸 좌우에 튀어나와 붙어 있다. 그러나 공룡의 다리는 우리 포유류와 마찬가지로 몸 아래를 향해 뻗어 있다. 그래서 공룡은 걸을 때 몸을 좌우로 비틀 수도 있고 가슴을 땅바닥에 대고 비빌 수도 있는 등 높은 운동성을 획득할 수 있었다. 이 독특한 다리 모양이 아니었다면 이족 보행을 할 수 없었다. 이족 보행을 했기에 앞발을 자유롭게 쓸 수 있었고 날개를 퍼덕이는 종으로 진화한 공룡도 있다.

참고로 공룡은 '트리케라톱스와 유럽에 분포하는 집참새(학명: Passer domesticus)의 가장 가까운 공통 조상에서 탄생한 모든 자손'이라고 정의할 수 있다. 이 정의에 따르면 '새는 공룡'이라고 할 수 있다.

재잘재잘
'파충류의 다리는 대부분 몸 좌우에 튀어나와 붙어 있다.'라는 문장을 읽고 삐딱하게 뱀처럼 다리가 없는 '무족도마뱀'을 떠올렸다면, 앞으로는 좀 더 순수한 기분으로 이 책을 읽어 달라고.

## 3 새는 공룡이다

'새는 공룡이다.'라는 이야기는 다들 한 번쯤 들어서 알고 있지 않을까. 옛날에는 거대한 파충류라는 이미지였던 공룡이 새와 연관된 관계가 점차 해명되며 지금은 새와 공룡은 일심동체, 떼려야 뗄 수 없는 관계가 되어 버렸다.

공룡은 크게 나누어 용반류와 조반류라는 두 가지 그룹이 있다. 그리고 모든 새는 용반류의 수각류라는 공룡의 한 그룹에서 진화했다. 수각류는 티라노사우루스처럼 뒷발로만 걷고 주로 육식을 하는 공룡이다. 앞발이 자유로워진 그들 중에 체온을 유지하기 위해 비늘을 깃털로 변화시킨 개체가 나타났고, 그 깃털이 앞발을 덮어 날개가 되었다는 가설이 학계에서 대세로 받아들여지고 있다.

새의 조상으로는 시조새가 유명하다. 시조새는 아르카이옵테릭스 학명: Archaeopteryx라고도 부른다. 시조새는 1860년에 독일 쥐라기 후기 지층에서 발견되어, 새와 공룡을 연결하는 중간 단계로 학계의 관심을 받았다. 그런데 20세기가 끝날 무렵 복슬복슬한 깃털이 돋아난 공룡이 발견되자 한때 집중 조명이 쏟아지던 시조새의 존재감은 약해졌다. 그렇게 새와 공룡 사이에 확실한 선을 그을 수 없게 되었다.

그도 그럴 것이 진화는 오랜 세월에 걸쳐 서서히 일어나는 변화라 '이 부모까지는 새가 아니나, 거기서 태어난 새끼는 새다.'라는 식으로 나눌 수 없다. 아무래도 중간 형태의 화석이 운 좋게 발견되어 선 긋기가 어려워진 측면도 있지만 말이다.

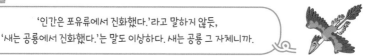
'인간은 포유류에서 진화했다.'라고 말하지 않듯, '새는 공룡에서 진화했다.'는 말도 이상하다. 새는 공룡 그 자체니까.

# 4 의외로 많았던 복슬복슬 공룡

공룡의 이미지는 시대와 더불어 갱신되는데 화석으로 남기 어려운 피부에 관해서는 좀처럼 연구가 진행되지 않았다. 그래서 오랫동안 공룡의 피부는 악어나 도마뱀처럼 비늘로 덮여 있는 모습으로 그려졌다. 그러나 20세기 말, 그런 이미지를 단숨에 바꾸는 일대 혁명, 공룡의 이미지 변신이 일어났다. 바로 깃털 공룡이 발견된 것이다.

1996년, 중국 랴오닝성에서 발견된 소형 공룡이 새로 등재되었다. 시노사우롭테릭스Sinosauropteryx, 중화공룡라는 이름이 붙여진 이 공룡 화석에는 온몸의 뼈 주위에 '거무스름한 선'이 있어 이를 분석했더니 깃털이라는 사실이 판명되었다. 이후로도 중국을 중심으로 깃털 공룡이 잇따라 발견되었고 깃털을 가진 공룡이 의외로 많았다는 사실이 밝혀졌다.

그렇다고 모든 공룡이 깃털을 가졌던 건 아니다. 깃털이 발견된 건 수각류뿐. 수각류는 조류를 낳은 그룹이다. 그래서 깃털의 진화는 수각류의 조상에게 딱 한 차례 일어나 그 자손에게 대물림되었다고 추정하고 있다.

그런데 최근 프시타코사우루스Psittacosaurus와 쿨린다드로메우스Kulindadromeus 등 조반류 공룡에게서도 깃털 흔적이 발견되었다. 그래서 공룡은 조반류와 용반류의 공통 조상 시대부터 깃털을 가지고 있었을 가능성이 제기되었다.

다만 조반류의 깃털은 깃털이라고 해도 포유류의 털과 같이 바늘처럼 돋은 형태지 '참깃'이나 '솜털'이 아니다. 그나마 깃털 장식을 한 스테고사우루스나 트리케라톱스의 모습은 아직은 볼 수 없어 다행이라며 공룡 마니아로서 가슴을 쓸어내리며 안도하고 있다.

재잘재잘

시조새나 까마귀도 따지고 보면 어엿한 깃털 공룡인데
20세기 말에 발견된 시노사우롭테릭스가 최초로 발견된 깃털 공룡이라니,
뭔가 이상하지 않아?

## 5 대다수 공룡은 개보다 작았다?

공룡은 거대한 생물이다. 공룡 장난감 좀 가지고 논다는 꼬마도 다 아는 세간의 상식이다. 하지만 공룡이라고 죄다 거대하다는 법은 없다. 예를 들자면 소형 육식 공룡인 콤프소그나투스Compsognathus는 전체 몸길이가 1m 남짓한 아담한 몸집을 가진 공룡이다. 전체 몸길이가 1m라고 하면 개보다 약간 큰 정도로 느껴지는데, 이 부분에 숫자 트릭이 숨겨져 있다. 개와 같은 포유류는 몸길이를 잴 때 코끝에서 꼬리가 난 부분까지의 길이를 '몸길이'로 보고, 공룡 같은 파충류는 코끝에서 꼬리 끝까지를 '전체 몸길이'로 표기한다. 그래서 파충류 크기는 꼬리 길이만큼 부풀려진 셈이다.

참고로 몸길이 1m는 동물원에서 흔히 볼 수 있는 그린 이구아나 학명: Iguana iguana보다 작다. 콤프소그나투스의 몸무게는 기껏해야 2kg 남짓으로 추정된다. 즉 무시무시한 콤프소그나투스는 평균 3.2kg으로 막 태어난 갓난아기보다 가볍다. 또 새와 친척뻘인 드로마에오사우루스Dromaeosaurus 중에도 소형 공룡이 여럿 있다. 예컨대 수탉처럼 빨간 벼슬로 친숙한 안키오르니스Anchiornis는 꼬리를 포함해 몸길이가 34㎝밖에 되지 않는 작은 공룡이다.

실제로 화석이 발견된 공룡의 몸무게를 추측해 보면 절반 이상이 호랑이보다 가볍다. 또 소형 공룡일수록 뼈가 가늘고 단단하지 않아 화석으로 남기 어려워 실제로 화석을 발견해 알려진 것보다 우리가 모르는 소형 공룡이 더 많을 공산이 크다. 그렇다면 대부분 공룡은 개보다 작았을…… 가능성도 부인할 수 없다.

이러쿵저러쿵해도 사상 최대 육상 동물이 공룡이라는 부분은 누구도 딴죽을 걸 수 없는 사실이다.

재잘재잘

참고로 인간의 크기는 몸길이로 표시하지 않고,
지면에서 정수리까지 '키'로 표시한다고.
펭귄이나 타조도 머리까지 높이를 재서 크기를 가늠한다나.

## 6 거대 공룡은 생각보다 가벼운 녀석?

예전에는 거대 공룡의 몸무게를 지금보다 훨씬 무겁게 잡았다. 가령 몸길이가 25m인 브라키오사우루스Brachiosaurus의 몸무게는 약 70t t(톤)은 무게 단위로 1t은 1,000㎏이다으로 추정했는데, 지금은 그 절반 수준으로 보고 있다. '무거워서 물속에서만 몸을 지탱할 수 있었다'는 예전 가설을 수정해서 지금은 꼬리를 질질 끌지도 않고 의외로 사뿐사뿐 걸어 다녔다는 가설이 학계에서 대세로 받아들여지고 있다.

공룡의 몸무게는 왜 가벼워졌을까? **기낭**氣囊이라는 공기주머니가 공룡의 몸무게를 줄이는 데 중요한 역할을 담당했다. 우리 포유류는 횡격막이라는 근육으로 폐를 수축하고 팽창시켜 몸속의 공기와 바깥 공기를 교환하기 위해 들이마시는 들숨과 내쉬는 날숨을 교대로 쉰다. 그러나 공룡은 폐 앞뒤로 기낭이라는 펌프처럼 생긴 기관이 있어 들이마신 공기는 일방통행으로 폐를 통과해 배출되었다. 즉 언제나 신선한 공기를 마실 수 있어 산소가 희박한 환경에서도 견딜 수 있었다. 이는 새와 마찬가지로, 새는 기낭 덕분에 공기가 희박한 상공에서 날갯짓을 할 수 있다.

왜 몸무게 이야기를 하다가 뜬금없이 삼천포로 빠지는데? 워워, 사람 말은 끝까지 들어야 하는 법. 브라키오사우루스 같은 용각류 공룡의 척추뼈에는 강도가 약해지지 않도록 커다란 구멍이 숭숭 뚫려 있었다. 어린 시절 미니카를 개조 좀 해 본 사람이라면 알겠지만, 경주에서 승리하려면 차체 무게를 줄이는 경량화 작업이 무척 중요하다. 마찬가지로 공룡은 뼈에 생긴 구멍에 풍선 같은 기낭이 들어 있어 목뼈 무게를 획기적으로 줄일 수 있었다. 또 덩치는 큰데 머리가 작아 현수교(65쪽 참조) 구조로 목과 꼬리를 떠받쳐 적은 양의 근육으로도 충분해 거대 공룡은 반중력 장치에 의존하지 않고도 대형화와 경량화라는 두 마리 토끼를 모두 잡을 수 있었다.

재잘재잘

몸집이 너무 커지면 체온을 내리기 힘들어져 대형화에도 한계가 있다. 기낭은 체내에서 체온을 내리는 일종의 냉각 장치 역할도 했던 모양.

## 7 초기 공룡은 의외로 약했다

공룡이라고 해서 처음부터 컸던 건 아니다. 가장 오래된 공룡 화석은 약 2억 3,000만 년 전 트라이아스기 후기 지층에서 발견되었다. 당시 공룡은 아직 절대적인 지상의 왕자가 아니라 '관도 대전에서 승리하기 전 조조'를 닮은 미묘한 존재였다. 위에서 치이고 아래에서 치고 올라오는 중간에 낀 존재였던 초기 공룡의 모습은 어땠을까?

가장 유명한 옛날 공룡이 에오랍토르Eoraptor lunensis다. 에오랍토르의 몸길이는 약 1m로 이족 보행을 하는 잡식성 공룡이었다. 살벌한 육식 공룡의 대명사 '랩터'에 붙는 '랍토르'라는 문구가 들어가 흉포한 수각류 같은 분위기가 감도는데, 사실 원시적인 용각류 공룡으로 추정된다. 뭐, 어느 쪽이든 용반류지만 말이다.

또 같은 지층에서 조반류로 추정되는 피사노사우루스Pisanosaurus의 화석도 발견되었다. 피사노사우루스는 몸길이가 1m가량이고 이족 보행을 하는 초식 공룡으로 추정되고 있다.

이들 화석은 용반류 공룡과 조반류 공룡이라는 다른 그룹에 속하는데, 둘 다 소형으로 목이 길고 머리가 작고 이족 보행을 한다는 소형 수각류 공룡과 생김새와 특징이 비슷하다. 그런 까닭에 아직 발견되지 않은 공룡의 공통 조상도 아마 이 친구들처럼 몸통 바로 아래에 붙은 두 다리로 쪼르르 뛰어다니던 깜찍한 소형 파충류라고 추정할 수 있다.

참고로 2억 5,000만 년 전인 트라이아스기 전기 지층에서는 프로로토닥틸루스Prorotodactylus라는 '다리의 흔적'만 남은 화석을 발견했다. 이 화석의 주인은 공룡이 되기 전 단계의 공룡형 생물로 추정되는데, 아직 이족 보행이 아니라 사족 보행을 했다고 보는 학자가 많다.

재잘재잘
트라이아스기는 아직 악어의 조상과 포유류의 조상 등 경쟁자가 많아 공룡이 천하를 지배하지 못하던 시대였다.

# 8 선택받은 일부만 화석이 된다

오늘날 이름이 붙여진 공룡은 1,100종이 넘는다. 그러나 현재 지구에 서식하는 파충류와 조류가 각각 1만 종밖에 없을까? 물론 1만 종이 훨씬 넘는다. 그중 화석으로 발견되는 건 일부 공룡뿐이다.

더욱이 전체 골격이 발견되는 공룡은 아주 일부이고, 대부분 이빨과 다리뼈 등 몸의 일부만 남아 있다. 그리고 이빨만 발견하면 어느 종인지는 알아내도 새로운 종인지, 알려진 종인지 판별하기 어렵다.

애초에 화석이 되려면 가루가 되어 흩어지기 전에 뼈가 땅속에 고이 묻혀야 한다. 특히 전신 골격이 고스란히 남으려면 다른 동물에게 먹혀서 훼손되지 않고 호수 밑바닥 등에 가라앉아 빠르게 매몰되어야 하며 그렇지 않으면 뿔뿔이 흩어진다. 또 긴 세월에 걸쳐 몸 성분이 적절한 비율로 땅속의 광물과 치환되는 과정이 필요하다. 설령 절묘한 비율로 치환되어 화석이 되더라도 화석을 포함한 지층이 또 억세게 운이 좋아 지표면으로 노출되지 않으면 발견되지 않는다.

그렇게 생각하면 화석으로 발견되는 건 기적과 같은 일로, 전신 골격이 몇십 구나 발견된 이구아노돈 같은 공룡은 어지간히 많은 개체가 서식했다고 상상할 수 있다. 또 화석이 딱 한 점밖에 발견되지 않은 희귀한 종도 있는데, 화석으로 남을 정도면 그 시대에는 일반적으로 볼 수 있는 종이었을 가능성이 크다.

재잘재잘

지금까지 발견된 공룡의 종류는 전체의 1%에도 미치지 못한대.
그래서 지금도 계속 새로운 발견이 끝이지 않나 봐.

# 9 티라노사우루스는 어떻게 울었을까?

공룡 관련 영상 작품에 빠지지 않는 장면이 티라노사우루스의 포효다. 입을 크게 벌리고 '크르르' 울부짖는 모습은 박력이 넘친다. 만약 이 장면에 소리가 없다면 공포 분위기가 반으로 줄어들지 않을까. 하지만 그런 티라노사우루스의 울음소리를 어떤 증거를 바탕으로 재현했는지 따지고 든다면……, 음, 글쎄 사실 근거는 없다.

인간의 성대도 그렇지만 발성 기관은 부드러운 조직이라 일반적으로 화석으로 남지 않는다. 그런 까닭에 공룡이 어떤 소리로 울었는지, 애초에 소리 내어 울기는 했는지 확실히 알 길이 없다. 티라노사우루스의 포효도 현생 동물 소리를 기반으로 제작자가 자신의 취향대로 짜깁기해 창작한 공상의 산물일 뿐이다. 이 부분은 괴수 영화와 다를 바가 없다.

다만 울음소리를 추측할 수 있는 공룡도 있다. 바로 두개골 돌기 부분에서 소리를 울렸다고 추정되는 파라사우롤로푸스Parasaurolophus다. 두개골 돌기 부분에 관이 지나는데, 그 관으로 힘차게 공기를 내보내 기차 기적이나 뱃고동 소리 비슷한 '뿌앙' 하는 소리를 냈다고 추정할 수 있다.

또 공룡의 후예인 새와 비교적 근연 관계인 악어를 통해 공룡의 울음소리를 추측하는 연구도 진행되고 있다. 타조와 악어는 번식기에 접어들면 목을 공기로 부풀려 '크르릉' 하며 낮게 울리는 소리를 낸다. 공룡도 비슷하게 소리를 냈을 가능성이 제기되고 있다. 참고로 타조도 악어도 새끼일 때는 '삐삐' 하는 높은 소리로 운다. 깃털로 덮인 새끼 공룡도 새된 소리로 '삐약삐약' 울며 어미의 뒤를 아장아장 쫓아다니지 않았을까.

재잘재잘

백악기 후기 새 화석에서 명관鳴管이라는 발성 기관 화석이 발견되었대.
그런데 이건 새가 되고 나서 진화한 기관이고
공룡한테는 없었다나 뭐라나.

## 10 알록달록 무지개색 공룡이 있었다?

'공룡의 피부가 무슨 색이었는지 알 수 없다.'

공룡에 관심이 있는 사람 사이에서는 이미 유명한 이야기다. 부드러운 피부는 화석으로 거의 남지 않고, 화석으로 남는 색소는 아주 드물기 때문이다. 그래서 공룡 복원 삽화를 색칠할 때는 제작자의 감성에 맡기는 수밖에 없다. 색칠은 대개 서식 환경을 고려하고 현재 생존하는 파충류를 참고하는데, 삽화가 중에는 간혹 전위적인 감성을 지닌 분들도 있어서 최신 나이키 러닝화를 본뜬 듯한 사이키델릭한 색감의 삽화도 심심하지 않게 볼 수 있다. 물론 어떤 색을 칠해도 그 색이 틀렸다고 누구도 따지고 들 수 없다.

그런데 2010년 이후, 공룡 채색 분야의 판도가 달라지는 사건이 벌어졌다. 시노사우롭테릭스 깃털 화석을 전자현미경으로 관찰했더니 등에서 꼬리까지 깃털은 밤색이고, 꼬리에는 줄무늬가 있었다는 사실이 판명되었다.

2018년에는 무지개색으로 빛나는(추정되는) 깃털을 가진 공룡의 존재가 알려졌다. 그 공룡 이름은 카이홍 주지Caihong juji! 겉보기에는 거의 새와 흡사한데 날 수는 없었단다. 그러나 머리, 가슴, 꼬리 깃털에서 현생 벌새와 같은 무지개색 깃털과 비슷한 구조를 발견했다. 그런 까닭에 카이홍 주지의 깃털도 무지개색에 금속 같은 광택이 났다고 보는 견해가 지배적이다. 공룡 피부색은 아직도 미지의 영역인데, 적어도 깃털은 현생 조류와 같이 다채로운 색이었을 가능성이 커 보인다.

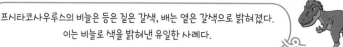

재잘재잘

프시타코사우루스의 비늘은 등은 짙은 갈색, 배는 옅은 갈색으로 밝혀졌다.
이는 비늘로 색을 밝혀낸 유일한 사례다.

이번에는 모두가 좋아하는 학명 이야기.

와, 신난다! 생물 분류에는 몇 가지 계급rank이 있다. 예를 들어 사람이라면 '동물계·척삭동물문·포유강·원숭이목·사람과·호모속·사피엔스'라는 식이다. 그리고 종명은 속명과 종명 두 가지 말로 표기하는 게 세계 공통 규칙이다. 이 표기 방식을 이명법二名法이라고 하는데, 사람이라면 '호모 사피엔스'가 종명에 해당한다. 참고로 사람은 우리말이고 한자로는 인간人間이라고 쓴다.

그렇다면 공룡 이름은 어떨까? 티라노사우루스·렉스라는 이름을 들은 적이 있으리라. 이게 종명이다. 그런데 도감을 보면 티라노사우루스나 스테고사우루스처럼 속명만 적어 놓는 경향이 있다. 공룡의 세부 분류가 애매하기 때문이다. 예컨대 같은 표범속Panthera인 호랑이와 사자만 해도 뼈만 보면 거의 차이가 없어서 몸의 일부밖에 발견되지 않은 공룡 화석으로 종 수준을 규정하는 건 장님이 코끼리를 만지는 격이다. 그래서 티라노사우루스를 비롯해 1속 1종인 공룡이 적지 않다.

다만 스테고사우루스속Stegosaurus처럼 스테놉스Stegosaurus stenops 웅굴라투스ungulatus 등 종류를 나눌 수 있는 공룡도 있다. 그래서 '스테고사우루스'라고만 적으면 어느 종을 가리키는지 알 수 없다. 하지만 애초에 스테놉스와 웅글라투스가 정말로 별개의 종이었는지조차 애매한 수준이라 일반 공룡 서적에서는 어지간해서는 구별하지 않는다. 그래서 공룡 이름은 '속명 = 종명'이라고 봐도 큰 지장이 없는 경우가 많다.

재잘재잘

아시아에서 서식하던 타르보사우루스 바타르Tarbosaurus bataar를 티라노사우루스속에 넣어야 한다는 주장도 있어. 만약 그 주장이 받아들여진다면 '티라노사우루스·바타르'가 되겠지.

# 12 티라노사우루스와 트리케라톱스의 가장 큰 차이는?

44 · 45

공룡은 두덩뼈Pubis 모양에 따라 크게 조반류와 용반류로 나뉜다.

두덩뼈는 치골이라고도 부른다. 두덩뼈나 치골이라는 이름은 들어 본 적이 있어도 어디에 붙어 있는지 모르는 사람이 많다. 배꼽에서 10㎝ 정도 내려간 지점을 꾹 누르면 단단한 뼈가 느껴진다. 그 뼈가 두덩뼈다. 육상 척추동물에게 두덩뼈는 좌우 골반을 연결하는 중요한 역할을 한다. 그런데 한자로 부끄러울 치恥 자를 써서, 치골恥骨이라고 부르다 보니 공공장소에서는 차마 입에 담기 어려운 민망한 이름처럼 느껴질 때도 있다.

어쨌든 이 두덩뼈가 새처럼 뒤를 향해 뻗어 있으면 조반류, 도마뱀처럼 앞이나 바로 아래를 향해 뻗어 있으면 용반류다. 조반류의 대표 주자는 트리케라톱스, 용반류의 대표 주자는 티라노사우루스.

'고작 뼈 하나로 공룡을 구분한다고?' 고개를 갸웃거리는 독자도 있겠지만, 모든 공룡의 두덩뼈는 조반류형과 용반류형 둘 중 하나에 해당한다. 그래서 공룡의 공통 조상은 조반류와 용반류로 나뉘어, 거기서 각각 진화했다고 추정할 수 있다.

그런데, 눈치 빠른 독자라면 이미 알아차렸겠지만 새는 용반류의 수각류에서 진화한 생물이다. 즉 도마뱀형 두덩뼈를 가진 용반류에서 진화했는데 새의 두덩뼈는 조반류를 빼닮았다. 하지만 이건 생판 남인데 어쩌다 보니 비슷하게 닮은꼴. 2차적으로 조류의 두덩뼈가 조반류와 같은 형태로 진화했을 따름이다.

이러니저러니 해도 공룡의 DNA를 채취할 수 없어(175쪽 참조), 분류는 뼈의 형태로만 하게 되었다. 그래서 공룡 분류에서 두덩뼈는 매우 중요하다.

재잘재잘

두덩뼈의 한자 이름인 치골恥骨은 글자 그대로 해석하면 '부끄러운 뼈'.
치골이 있는 부위는 남에게 훌러덩 드러내기 민망한 치부라
이런 이름을 붙였단다.

공룡은 '조반류'와 '용반류' 두 그룹으로 나뉜다고 이야기했다. 하지만 같은 그룹이라고 해서 비슷하게 생겼다는 법은 없다. 생물 분류는 조상이 가까운 부류끼리 묶어 '생판 남인데 한집안 식구처럼 닮은꼴'이나 '남처럼 닮은 구석이 하나도 없는 친척'도 있다. 그런 까닭에 어느 공룡과 어느 공룡이 가까운지 오해의 소지가 없도록 살펴봐야 한다.

조반류에는 세 개의 그룹이 있다. 먼저 '장순아목Thyreophora, 裝盾亞目'부터. 장순아목은 한자를 그대로 풀면 '창을 장착한 그룹'이라는 뜻으로 스테고사우루스를 대표로 하는 '검룡류'와 안킬로사우루스를 대표로 하는 '곡룡류'를 포함한다. 둘 다 사족 보행을 하는 초식 공룡으로 몸에 비하면 머리가 작고 의외로 둔하고 육중한 인상이다. 참고로 걷는 속도는 검룡류가 시속 6~7㎞, 곡룡류가 시속 3㎞로, 덩치가 큰 것치고는 인간과 별반 다르지 않은 속도다.

검룡류는 등에서 꼬리까지 검과 비슷한 골판이 죽 늘어선 그룹이다. 이 골판은 판plate 형태와 가시spike 형태가 있는데 스테고사우루스는 등에 큰 판, 꼬리에는 긴 가시가 있는 최대 검룡으로 유명하다. 그 밖에도 어깨에 삐죽 튀어나온 긴 가시가 있는 켄트로사우루스Kentrosaurus는 공격적인 생김새로 인기 있는 공룡이다.

한편 곡룡류는 몸 전체를 골판이 덮고 있어 중세 기사의 판금 갑옷처럼 골판이 몸을 단단히 방어해 준다. 또 최대급 검룡류와 곡룡류 등을 포함하는 장순아목 공룡인 안킬로사우루스는 꼬리 끝에 곤봉처럼 생긴 뼈 뭉치가 있어, 이 꼬리를 휘둘러 적을 곤죽으로 만들어 포식자를 퇴치했던 모양이다.

재잘재잘
곡룡류는 백악기 말까지 살았지만, 검룡류는 백악기 전기에 멸종했다.

조반류의 두 번째 그룹은 '주식두류周飾頭類, Marginocephalia'다. '머리 주위에 장식이 있는 그룹'이라는 뜻이다. 주식두류에는 트리케라톱스를 대표로 하는 '케라톱스류'와 파키케팔로사우루스를 대표로 하는 '후두류厚頭類'가 있다. 둘 다 북반구를 중심으로 번성한 초식 공룡인데 케라톱스류는 사족 보행, 후두류는 이족 보행, 겉으로 보기에는 그다지 닮은 구석이 없다. 하지만 케라톱스류도 원시 소형 종은 이족 보행을 했기 때문에 몸집이 커짐에 따라 사족 보행으로 변했다고 추정된다. 몸이 무거워지면 무릎에 부담이 갈 수 있어 지팡이 삼아 앞발을 짚고 다니게 된다.

케라톱스Ceratops는 '뿔이 있는 얼굴'이라는 뜻이다. 이름과 달리 모든 종이 뿔이 있었던 건 아니다. 케라톱스류는 대형화한 트리케라톱스가 워낙 인상적인 긴 뿔을 가져 이런 이름을 붙였다. 그룹 전체는 머리가 크고 주둥이가 앵무새 부리처럼 생긴 특징이 있다. 또 프시타코사우루스Psittacosaurus에 속하는 친구들을 제외하면 두개골이 변형되어 '프릴'이라 부르는 목 장식이 발달했다는 특징도 있다.

후두류는 쉽게 말해 돌머리, 정수리뼈가 두껍고 단단해 이런 이름을 붙였다. 두꺼운 두개골 주위에는 가시 같은 장식이 있다. 참고로 실제보다 몸집이 커 보이는데, 이 그룹에서 최대급인 파키케팔로사우루스도 몸길이가 4.5m로 생각보다 아담하다. 완나노사우루스Wannanosaurus는 몸길이가 약 60㎝다. 단단한 두개골로 무장하고 있다고는 하나 유치원생 한주먹거리도 안 되는 깜찍한 크기의 공룡이다.

재잘재잘
프릴과 뿔이 있는 진화한 케라톱스류는 백악기 후기에만 볼 수 있다.

조반류 세 번째 그룹은 이구아노돈을 대표로 하는 '조각류鳥脚類'다. 기본적으로는 이족 보행을 하는데 앞다리를 짚고 네 발로 걷는 공룡도 있다. 참고로 조반류, 조각류 모두 새조鳥 자가 붙는데 이름과 달리 새의 조상은 아니다.

조각류는 같은 조반류인 주식두류와 자매 그룹으로 장순아목과는 계통이 살짝 떨어져 있다. **조각류의 주둥이는 딱딱한 부리 모양으로 식물을 뜯어서 씹어 먹기에 적합한 구조다.** 또 입 안쪽에는 자잘한 이빨이 빽빽하게 나 있어, 식물을 우물우물 씹어서 곤죽 상태로 으깨 먹었음을 알 수 있다. 이러한 특징은 주식두류에서도 볼 수 있는데, 조각류가 '우물우물' 씹는 데 더 적합한 구조로, 무려 2,000개 가까운 이빨을 가진 이빨 부자 공룡도 있다. **이렇게 예비 치아를 가진 구조를 전문 용어로 '덴탈 배터리**dental battery**'라 부른다.**

조각류는 식물을 효율적으로 섭취해 번영했는데, 기본적으로는 어느 공룡이나 비슷비슷한 체형이었다. 다만 몸길이가 60㎝에 불과한 페고매스탁스Pegomastax부터 몸길이가 15m에 달하는 산퉁고사우루스Shantungosaurus까지 다양한 크기의 공룡이 포진하고 있다.

또 하드로사우루스Hadrosaurus는 구강 너비가 넓고 오리 부리처럼 생겨서 일명 '오리 주둥이 공룡'으로 불린다. 그 밖에도 람베오사우루스Lambeosaurus는 두개골이 변형되어 다양한 모양의 볏을 가지고 있는데, 죄다 비슷비슷한 모양이라 볏으로 종을 구분했을 수도 있다.

재잘재잘
덴탈 배터리dental battery의 배터리는 '한 포대', '한 무리'라는 뜻이다.

자, 여기서부터 용반류다. 용반류는 '용각류'와 '수각류' 두 그룹으로 나뉘는데, 공룡 중에서 가장 체급이 큰 친구들이 지금 소개하는 용각류다. 용각류는 기본적으로 초식 공룡으로 머리가 작고 목이 긴 특징이 있다. 이 용각류 공룡은 예전의 원시적인 특징이 남은 '원시 용각류'와 더 진화한 '용각류'로 나뉘었는데, 일단 용각류만 머릿속에 넣어 두면 충분하다.

'용각아목 = 목과 꼬리가 엄청나게 긴 공룡'이라 '일단 길어 보이면 용각'이라고 생각해도 크게 지장은 없다. 다만 마찬가지로 목이 길어도 다리가 지느러미인 친구들은 '수장룡首長龍, Plesiosauria'으로 공룡에 속하지 않아 그 부분은 주의가 필요하다.

서두가 길었는데, 어쨌든 이렇게 긴 용각류로는 브라키오사우루스, 아파토사우루스Apatosaurus, 디플로도쿠스Diplodocus 등이 유명하다. 이 친구들은 긴 목을 움직여 어지간해서는 걷지 않고 목을 쭉 뻗어서 입이 닿는 범위에 있는 식물을 먹었다고 추정한다.

참고로 용각류가 이 정도로 덩치를 키운 이유는 육식 공룡에게서 몸을 지키기 위해서라는 주장이 있다. 동물은 기본적으로 체구가 클수록 강해 대형화하는 육식 공룡과 군비 경쟁을 펼친 결과 이렇게 집채만 한 몸집으로 커졌다.

원시 용각류도 살짝 짚고 넘어가자. 이 친구들은 이름과 달리 용각류의 조상이 아니라 고전적인 유형의 용각류를 뭉뚱그려 아우르는 그룹으로, 요즘은 플라테오사우루스과와 같은 공룡으로 보고 있다. 용각류와 비교하면 소형이 많고 잡식성 공룡과 이족 보행을 한 공룡도 있었다. 35쪽에서 소개한 에오랍토르가 대표적인 원시 용각류에 속한다.

재잘재잘
사상 최대 육상 동물인 용각류 아르헨티노사우루스Argentinosaurus는 몸길이 35m, 몸무게 73t에 달하는 거구로 알려졌다.

또 다른 공룡 그룹은 티라노사우루스로 대표되는 '수각류'다. 용반류와 조반류에 포함되는 다섯 그룹 중 육식 중심으로 진화한 그룹은 수각류뿐이다. 현생 파충류 중 초식성 친구는 육지 거북과 이구아나 정도인데, 수각류 이외의 공룡은 거의 초식성이었다. 그래서 커다란 입을 벌려 먹이를 물어뜯는 공룡을 보면 십중팔구 수각류. 다만 수각류 중에도 진화 과정에서 식성이 변해 초식성이나 잡식성이 된 친구들이 있어 전부 티라노사우루스처럼 'THE 육식'이라고 생각해서는 안 된다. 흔히 타조 공룡이라 부르는 오르니토미무스Ornithomimus는 이빨이 없어 우물우물 식물 잎사귀를 먹었고, 소형 공룡인 오비랍토르Oviraptor도 식성이 비슷했다.

수각류는 대부분 이족 보행을 하며 민첩하게 움직였다고 추정된다. 또 깃털이 있는 공룡은 거의 수각류뿐. 눈치 빠른 독자는 알아차렸겠지만, 조류도 수각류에 포함된다. 즉 수각류인 티라노사우루스는 아파토사우루스Apatosaurus, 트리케라톱스, 스테고사우루스보다 타조, 펭귄, 참새에 가까운 동물이었다.

다만 공룡에 조류를 포함해서 설명하면 '공룡의 피부색은 알 수 없다(다만 새를 제외하고)'와 같이 문장이 번잡해진다. 그래서 이 책에서 설명하는 '공룡'에는 기본적으로 조류를 포함하지 않는다고 미리 일러둔다. 참고로 조류를 제외한 공룡을 '비조류non-avian 공룡'이라 부르는데, 이 용어는 계통에 바탕을 둔 분류가 아니라 편의상 부르는 호칭이다.

재잘재잘
수각류는 다섯 개 공룡 그룹 중에서 가장 다양성이 풍부한 친구들. 대형 육식 공룡인 스피노사우루스와 먹이 사슬 최상위에 있던 알로사우루스, 영화에 등장해 얼굴을 널리 알린 벨로키랍토르 등 인기 있는 공룡이 대거 포진한 공룡계의 인기 아이돌 그룹.

## 트라이아스기, 쥐라기, 백악기의 유래

지질 연대 이름은 그 시대의 특징을 잘 나타내는 지층을 토대로 붙인다. 2020년 1월에, 신생대 제4기 구분 중 하나가 일본 지바현千葉県 지층을 바탕으로 '지바니안Chibanian'이라고 이름 붙여져 일본 언론에 대서특필되었다.

어쨌든 중생대는 세 개의 시기로 구분되는데, 가장 오래된 2억 5,200만 년~2억 100만 년 전이 트라이아스기다. 이름의 유래는 독일에서 발견된 이 시대 지층에 빨강, 하양, 갈색으로 세 개의 퇴적물이 켜켜이 쌓여 있어 붙여졌다. 영어로는 'Triassic Period'로, 예전에는 한자로 삼첩기三疊紀라고 번역하기도 했다.

뒤를 이어 두 번째로 오래된 2억 100만 년~1억 4,500만 년 전 시기가 쥐라기다. 쥐라기라는 이름은 프랑스와 스위스 국경을 따라 늘어선 쥐라기 산맥 지층에서 따왔다. 영어로는 'Jurassic period'. 우리에게는 표기는 달라도 영화 〈쥬라기 공원〉으로 친숙한 이름이다. 그런데 사실 영화에 나온 공룡은 대부분 백악기 친구들이다. 그런데도 '쥐라기'라는 이름을 고집한 건 '쥐라기'라는 단어의 울림이 묘하게 공룡과 어울려서일 수도 있다.

중생대 마지막 시기는 1억 4,500만 년~6,600년 전인 백악기다. 백악기라는 이름은 도버해협 해안 절벽에 노출된 하얀 지층에서 비롯되었다. 이 해안 절벽은 탄산칼슘이 주성분이라 우리가 잘 아는 '분필'을 시루떡처럼 쌓아 놓은 구조라고 생각하면 이해하기 쉽다. 영어로는 'Cretaceous period'로 의외로 거의 들을 일이 없는 낯선 영어 단어다.

# 2 장

# 두근두근!
# 슈퍼스타들

# 1 티라노사우루스의 무기는 의외로 '뛰어난 코'였다

공룡 중에서 가장 인기가 뜨거운 친구는 누가 뭐래도 티라노사우루스다. 다른 생물군, 예를 들면 곤충, 포유류, 어류 등에서는 부동의 인기 순위 1위를 차지하는 생물이 없는데, 공룡 중에서는 유독 인기와 인지도가 모두 높은 티라노사우루스가 1위에 군림한다. 그 이유는 간단하다. '공룡 = 커다랗고 강하다'는 세간의 기대를 온몸으로 보여 주는 공룡이기 때문이다.

그런 티라노사우루스의 주무기라고 하면 역시 큼직한 입이지만, 입에 관해서는 3장에 양보하기로 하고 이번에는 감각기 이야기를 해 보자. 사실 티라노사우루스가 공룡계에서 가장 뛰어났다고 추정하는 능력이 후각이다. 티라노사우루스는 뇌에서 냄새를 느끼는 '후각 신경구'의 비율이 매우 높아 시각이나 청각보다 냄새를 맡는 '후각'이 발달했을 공산이 크다.

그렇다면 왜 후각이 그 정도로 발달했을까? 티라노사우루스의 몸은 너무 무거워서 최고 시속 30㎞ 정도밖에 달리지 못했다고 추정된다. 그래서 예리한 후각으로 사체 냄새를 맡아 사체를 주식으로 삼았다는 주장이 있다. 사냥감을 추적할 필요가 없다면 발이 좀 느려도 먹고 사는 데 문제될 게 없다.

그러나 산 채로 티라노사우루스에게 습격당한 공룡의 화석이 발견되어 '사체가 주식'이라는 주장은 설득력을 잃고 학계에서 비주류 취급을 받고 있다. 뛰어난 후각은 눈으로 볼 때보다 멀리서 먹이의 존재를 감지할 수 있어서 유리했으리라. 티라노사우루스는 뜨거운 인기와 비례해 안티도 많아서 '공룡 시대를 호령하던 최고의 포식자가 아니라 알고 보면 그다지 멋지지 않은 공룡'이라는 설이 힘을 받는 상황도 어쩔 수 없는 부분이다.

재잘재잘
주로 사체를 먹는 자연계의 청소부 역할을 하는 동물을 '스캐빈저Scavenger'라 부른다.
현생 동물 중에서는 맹금류인 콘도르와 송장벌레 등이 유명하다.

## 2 트리케라톱스의 세 갈래 뿔은 장식이 아니다

공룡 인기 순위 투표를 한다면 초식 공룡 중에서 최상위에는 역시 트리케라톱스가 오르지 않을까. 초식 공룡답지 않게 당당하고 늠름한 공격적인 외모가 인기 비결이 아닐까 한다. 덩치만 큰 아르헨티노사우루스나 위협적인 꼬리 곤봉을 휘둘러도 어딘가 둔해 보이는 안킬로사우루스, 무기라고 하기에도 민망한 앞발 엄지의 뾰족한 발톱을 가진 이구아노돈과 비교하면 강력한 세 갈래 뿔은 공룡 팬의 마음을 사로잡는다.

트리케라톱스의 특징이라고 하면 역시 세 갈래 뿔과 프릴목덜미 장식이다. 힘을 과시하기 위한 보여 주기용 장식이라는 설도 있지만, 새끼 시절부터 발달한 점으로 보아 단순한 장식은 아니라는 주장에 무게를 실어 주고 싶다. 세 개의 뿔은 몹시 단단하고 뿔 주변에 여러 개의 흉터가 있는 화석도 발견되어 실제 무기로 사용했을 가능성이 크다. 트리케라톱스 두 마리를 마주 보도록 세우고 뿔을 맞대면 뿔이 서로 단단하게 맞물린다. 즉 서로 마주보고 암수 모두 무리 내부에서 힘겨루기로 우열을 가렸을 수도 있다. 마치 씨름에서 살바를 힘껏 잡고 밀리지 않도록 버티고 서서 힘겨루기를 하는 형상이다.

또한 세 개의 뿔과 프릴은 육식 공룡에 대비하는 방어책으로도 사용하지 않았을까. 그러나 같은 시대를 살았던 최강자인 티라노사우루스에게는 효과가 없어 잡아 먹힐 때가 더 많았던 모양이다. 게다가 티라노사우루스가 트리케라톱스를 잡아먹을 때는 프릴을 물고 늘어져 머리를 뜯어내서 먹기 쉽게 만들었다는 주장도 있다. 머리를 뜯어내면 커다란 머리를 지탱하는 튼튼한 목 근육이 너덜너덜해지며 먹기 좋게 연해진다나……. 프릴은 목덜미를 감싸 방어에 도움이 되었으나 티라노사우루스의 무시무시한 공격력은 트리케라톱스의 방어력을 웃도는 살벌한 수준이었다.

재잘재잘

초식 공룡 중에는 '스테고사우루스와 비슷한 과의 공룡'이 적지 않은데 최근 연구로 돛처럼 생긴 등 골판의 방어 기능이 생각보다 부실해 방어 기능을 제대로 하지 못했고, 공격력도 약했다는 주장이 제기되었다.

# 3 브라키오사우루스의 뇌는 테니스공 크기였다

예전에 용각류는 머리를 높이 쳐들고 꼬리를 질질 끄는 모습으로 그리는 게 일반적이었다. 하지만 지금은 머리와 꼬리 모두 수평으로 뻗은 모습을 기본 자세로 여긴다. 그런데 이런 유행에 휩쓸리지 않고 고개를 높이 치켜든 자세로 그리는 공룡이 바로 이번에 소개할 브라키오사우루스다. 목이 긴 용각류 중에서도 탁월하게 키가 큰 친구로, 큰 키의 비밀은 긴 앞다리에 있다. 뒷다리보다 앞다리가 길고 허리부터 어깨를 향해 높아지는 형태로 등 라인을 따라 목을 뻗은 '자연스러운 모습'으로 머리가 훌쩍 높은 위치에 있다.

그런데 머리가 저렇게 높은 곳에 있으면 과연 '머리까지 피가 돌 수 있을까?'라는 궁금증이 생긴다. 브라키오사우루스는 자연 상태에서도 심장에서 머리까지 5m, 목을 수직으로 꼿꼿이 세우면 무려 8m 정도의 높이 차이가 생겨 뇌에 혈액을 공급하려면 거대한 심장이 필요하다. 예를 들면 몸무게 800㎏인 기린의 심장은 11㎏, 혈압은 260/200㎜Hg에 달한다.

그러나 몸무게가 35t이나 나갔던 브라키오사우루스는 덩치에 걸맞은 심장을 가지고 있지 않았다. 뇌라는 장기는 어마어마하게 연비가 나쁜 기관으로 크면 클수록 많은 열량과 산소를 소비한다. 그런데 몸집이 거대한 브라키오사우루스의 뇌 크기는 겨우 테니스공 정도. 몸집에 걸맞지 않게 아담해 뇌가 많은 산소를 요구하지 않았을 가능성이 있다. 그래서 머리가 멍해지면 가끔 고개를 숙이는 정도의 대응으로 그럭저럭 살아갔을 수도 있다.

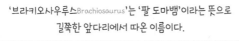

재잘재잘
'브라키오사우루스Brachiosaurus'는 '팔 도마뱀'이라는 뜻으로 길쭉한 앞다리에서 따온 이름이다.

# 4 디플로도쿠스는 현수교 구조로 거대화했다

용각류인 디플로도쿠스는 전신 골격이 발견된 공룡 중에서 최대급 공룡이다. 디플로도쿠스의 크기는 전체 길이 27m로, 특히 꼬리가 길어 전체 길이의 절반을 차지했다. 예전에는 이 긴 꼬리를 질질 끌고 걸어 다녔다고 여겼는데, 최근 복원에서는 목과 꼬리를 수평으로 유지하고 걷는 자세가 기본이다. 그러다 보니 멋진 포즈를 잡기 어려워졌다.

이 정도로 긴 목과 꼬리를 들어 올리기 위해 근육을 늘렸다면 그만큼 몸집이 커지고 더 많은 에너지를 소비해야 한다. 안 그래도 대형 공룡인 용각류는 필요한 에너지를 충당하기 위해 온종일 먹었던 모양으로, 연비까지 나빠지면 생존하기 어려워진다.

척추 위에 머리뼈가 얹어져 있는 형태라 근육을 거의 쓰지 않고 무거운 머리를 떠받칠 수 있었는데, 네발로 기어 다니는 생활에서는 금세 목이 피로해진다. 용각류는 머리가 작고 척추뼈 내부에 공간을 마련해 경량화했다고는 하나 너무 긴 목과 꼬리를 근육으로 들고 있으려면 녹초가 될 수밖에 없다.

그래서 강력한 인대를 발달시킨 일종의 현수교 구조를 채용했다. 거대한 용각류는 골반에서 뻗은 굵직한 인대로 긴 목과 꼬리를 잡아당겨 균형을 잡았다. 마치 미국 샌프란시스코의 금문교와 같은 구조다. 참고로 이 구조는 공룡에게 공통되는 특징으로 공룡 전신 화석이 뒤집힌 상태Death Pose로 발견되는 건 강력한 인대가 사후에 수축하기 때문이란다.

재잘재잘

디플로도쿠스는 꼬리를 채찍처럼 휘둘러 적을 물리쳤대.
꼬리 끄트머리의 속도는 음속을 넘어 소닉 붐을 발생시켰다나.

# 5 아르헨티노사우루스는 울트라맨과 같은 크기

자, 이번에는 아르헨티노사우루스 이야기다. 공룡은 거대한 몸집이 인기의 비결이라고 해도 지나친 말이 아니다. 공룡 중에서도 최대급 덩치를 자랑하는 아르헨티노사우루스는 공룡계에서는 묵직한 존재감을 자랑하는 아이돌 공룡이다. 아르헨티노사우루스의 크기는 전체 길이 35m, 몸무게 73t. 같은 용각류인 수페르사우루스Supersaurus, 전체 길이 33m, 몸무게 45t와 마멘키사우루스Mamenchisaurus, 전체 길이 35m, 몸무게 50t도 엄청난 덩치를 자랑하는 헤비급 공룡인데, 아르헨티노사우루스는 이 친구들보다 더 우람했던 모양이다.

다만 아르헨티노사우루스의 화석은 등뼈와 뒷다리 정강이 등 일부만 발견되었다. 그래서 '남미 아르헨티나에서 발견된 백악기 후기의 거대한 용각류'라는 설명은 틀림없는 사실이나, 전체 길이는 어디까지나 어림짐작으로 어느 정도 오차가 있어 대략 30~40m로 추정한다. '그렇게 작은 뼛조각으로 전체 길이를 알 수 있을까?'라고 의아해 하는 독자도 있겠지만, 오히려 전체 골격이 발견되는 공룡이 드물어 근연 관계 공룡과 비교해서 전체 길이를 추측하는 게 일반적인 연구 방법이다.

아르헨티노사우루스의 전체 길이를 최대로 잡으면 40m로, 이는 울트라맨과 같다(참고로 마블 영화에 등장하는 앤트맨이 커질 수 있는 최대 크기가 20m—옮긴이). 그래서 울트라맨이 누우면 목과 꼬리를 쭉 뻗은 아르헨티노사우루스와 같은 길이가 된다.

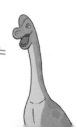

재잘재잘

참고로 지구상에 현존하는 가장 큰 동물로 알려진 수염고래Blue whale는 몸무게가 20t 가까이 나간다. 최대급 생물로 여겨지는 자이언트 세쿼이아Giant sequoia라는 나무는 무게가 2,000t이 훌쩍 넘는다!

트리케라톱스, 스테고사우루스, 브라키오사우루스 등 초식 공룡은 몸집이 크고 사족 보행을 하는 종류가 많다. 하지만 공룡의 공통 조상은 '이족 보행 라이트급 동물'이었기에 사족 보행 공룡은 곁가지를 치듯 부수적으로 뻗어 나온 방계로 파충류의 기본형인 사족 보행으로 돌아간 친구들이다.

왜 앞다리를 자유자재로 쓸 수 있는 이점을 버리고 굳이 사족 보행으로 돌아갔을까? 이유는 간단하다. 몸집이 커지면 이족 보행이 힘들기 때문이다. 초식 공룡은 사냥감을 쫓을 필요가 없고 육식 공룡의 먹잇감이 되기도 쉬워 사족 보행으로 돌아가 대형화해야 이점이 크다.

그런데 사족 보행 경향을 보이는 초식 공룡 중에서도 조각류는 대부분 이족 보행 공룡이다. 조각류 최대 공룡인 산퉁고사우루스Shantungosaurus giganteus는 전체 길이가 15m가 넘고 몸무게는 16t에 달한다. 이 정도 수준이면 아프리카코끼리 세 마리의 무게로 이족 보행 동물 중에서는 아마 사상 최대급 덩치이리라. 다만 산퉁고사우루스처럼 전체 길이가 10m가 넘는 대형 조각류는 이족 보행을 할 수 있어도 평소에는 앞다리를 땅에 대고 걸어 다녔다. 즉, 이족 보행과 사족 보행을 오가는 하이브리드 형태로 몸무게를 지탱했던 모양이다.

참고로 현생 이족 보행 동물 중에서 최대급은 높이 2m, 몸무게 100kg이 넘는 타조다. 또 일부 인간은 몸무게가 몇백 킬로그램에 달하는데, 인간의 골격으로는 대개 300kg을 넘으면 이족 보행이 어려우므로 체중 관리가 필요하다.

재잘재잘
중국 산둥성에서 발견되어 산퉁고사우루스라는 이름을 붙였다.
압도적인 덩치 이외에는 전형적인 하드로사우루스과의 공룡이다.

안킬로사우루스Ankylosaurus는 백악기 후기 북아메리카에 서식하던 최대급 곡룡류로 몸길이가 무려 9m에 달했다. 다만 몸무게는 6~7t으로 수컷 아프리카코끼리 평균과 별반 다르지 않은 수준이었다. 자세가 바닥에 닿을 정도로 낮고 뒷다리로 일어설 수 없었기에 높은 가지에 달린 잎을 따 먹을 수 없어 느릿느릿 이동하며 땅바닥에 사는 키가 작은 식물을 먹고 살았다.

안킬로사우루스의 몸주로 등쪽은 피부 안에 돋은 뼈, 이름 그대로 피골皮骨로 덮여 있었기에 그 장갑을 뚫을 수 있는 육식 공룡은 많지 않았다. 그러나 서식지가 하필 티라노사우루스라는 최대급 육식 공룡과 겹쳐 무적이라고까지는 할 수 없었다. 그래서 강력한 포식자에 대항하기 위한 수단으로 꼬리 끝에 커다란 뼈 덩어리를 진화시켰다. 안킬로사우루스는 달려서 도망치지 않고 꼬리를 곤봉처럼 휘둘러 육식 공룡의 다리를 부러뜨리는 방법을 생존 기술로 익혔다.

이 뼈 덩어리는 꼬리 끄트머리의 뼈가 부풀어 단단하게 굳어져서 생겼는데 무기처럼 휘두르려면 유연한 꼬리가 필요했다. 그런데 안킬로사우루스의 꼬리 절반 이상은 유연성이 거의 없이 막대기처럼 뻣뻣해 좌우로 크게 구부릴 수 있는 부분은 몸통에 붙은 쪽 꼬리뿐이었다. 그래서 적과 대치할 때는 힘을 모아 딱밤을 때리듯 꼬리를 옆으로 뒤집은 상태로 기를 모아 반동을 이용하는 형태로 반격했을 수도 있다.

재잘재잘

안킬로사우루스는 평평하고 중심이 낮아 어지간해서는 벌러덩 뒤집히지 않았다. 그래서 아르마딜로처럼 배는 말랑말랑했단다.

인간계에서 발이 가장 빠른 남자는 100m를 9초 58에 질주하는데, 이를 시속으로 환산하면 37.5km 정도. 하지만 순간적인 최고 시속이라면 44.46km에 달한다.

그렇다면 공룡계에서 가장 발이 빠른 공룡은? 공룡 연구자들은 오르니토미무스Ornithomimus를 첫째로 꼽는다.

오르니토미무스는 '새를 닮은 자'라는 뜻으로, 최초로 발견된 다리뼈가 새와 닮아 붙인 이름이다. 첫 발견 뒤 전신 골격을 찾아내자 새 중에서도 상당히 특수한 타조와 쏙 빼닮았다는 사실을 알게 되었다.

타조와 유사한 점은 목이 길고 머리가 작다는 점과 다리가 가늘고 길다는 점인데, 이는 시야가 트인 환경에서 달리며 돌아다니는 생활에 적응한 결과이리라. 긴 꼬리를 제외하면 몸 크기도 타조와 얼추 비슷하다. 또 오르니토미무스는 육식 공룡이 많은 수각류이면서도 입안에 이빨이 적고 매끈매끈한 부리 모양 주둥이를 가지고 있다. 앞다리에는 타조보다 길고 큰 발톱이 달려 있어, 이 발톱으로 식물을 잡아채 부리로 찢어발겨 먹었다고 추정할 수 있다.

타조와 묘하게 비슷한 오르니토미무스는 어느 정도 빠르기로 달렸을까? 대략 시속 60km라고 추측된다. 게다가 어느 정도 속도를 유지하며 장거리를 달릴 수 있었다고 보고 있다. 충분히 빠른 속도이나 애석하게도 타조의 스펙에는 약간 못 미치는 수준이다. 또 현생 포유류에는 단거리 최강자인 치타와 장거리 최강자인 가지뿔영양학명: Antilocapra americana이 버티고 있어, 어쩌면 중생대보다도 신생대가 속도 경쟁이 치열했을 수도 있다.

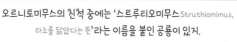
오르니토미무스의 친척 중에는 '스트루티오미무스Struthiomimus, 타조를 닮았다는 뜻'라는 이름을 붙인 공룡이 있지.

공룡은 소형일수록 뼈가 잘 남지 않아 화석으로 발견될 확률이 낮은데, 콤프소그나투스Compsognathus는 전체 길이가 1m 남짓한 아담한 체구임에도 전신골격이 발견된 운 좋은 녀석이다. 1850년대, 비교적 이른 시기에 발견된 이 공룡은 한동안 '가장 작은 공룡'으로 알려졌다.

현재는 안키오르니스Anchiornis와 미크로랍토르Microraptor 등 드로마에오사우루스Dromaeosaurus 부류에 속하는 '겉보기에는 거의 새'와 흡사한 공룡들이 더 작은 공룡으로 알려져 있다. 이러쿵저러쿵 서론이 길었는데, 콤프소그나투스는 작다는 특징 외에는 딱히 내세울 게 없는 공룡이다.

공룡계에서 가장 발이 빠른 '오르니토미무스는 시속 60㎞'. 앞에서 소개했는데, 콤프소그나투스의 최고 속도는 무려 시속 64㎞라는 설이 있다. 닭과 크기가 비슷한 콤프소그나투스가 타조 크기인 오르니토미무스보다 빨리 달리려면 보폭 차를 고려하면 엄청나게 발을 빨리 놀려야 했으리라. 사이클 선수가 기어를 가볍게 하고 회전수를 늘리는 방법으로 페달을 밟는 '케이던스 주법'과 비슷한 방법으로 다리를 분주하게 움직여 빠른 속도로 달렸다. 참고로 '케이던스'란 1분당 페달을 밟는 횟수를 말하는데, 고高 페이던스는 빠른 속도로 페달을 밟는 주법이다. 콤프소그나투스는 고페이던스 주법high-cadence riding으로 빠른 속도를 냈다고 추정할 수 있다.

콤프소그나투스는 작은 동물을 잡아먹었기에 순발력이 좋았다. 반면 오르니토미무스처럼 장거리를 달리는 능력은 굳이 필요하지 않았다. 만약 몸무게가 가볍고 뒷다리가 긴 콤프소그나투스가 순간적으로 시속 64㎞에 도달했다면, 공간을 순간적으로 이동하는 '축지법'을 구사하는 무협지에 나오는 도인처럼 보였을 수도 있지 않을까.

재잘재잘

현생 포유류 중에서도 육식 동물은 순발력이 뛰어나고,
초식 동물은 지구력이 뛰어난 종이 많다.

공룡의 무기는 날카로운 이빨, 뿔, 꼬리 등이 있는데 이번에는 발톱 이야기다. 날카로운 발톱은 고기를 찢어발기고 먹잇감이 도망치지 못하도록 움켜잡는 효과적인 무기였다. 그런 발톱을 극한까지 발달시킨 공룡이 바로 테리지노사우루스Therizinosaurus. 이 친구들의 앞발 발톱은 무려 90㎝까지 길었다. 공룡뿐 아니라 다른 동물과 비교해도 가장 긴 축에 속한다. 테리지노사우루스는 영화 〈엑스맨〉의 주인공 울버린처럼 긴 발톱으로 먹이를 찢어발기는 포식자처럼 보여서… 발견 초기에는 공룡 학계가 기대감으로 술렁거렸다. 그러나 자세히 연구해 보니 이 긴 발톱의 용도는 무기가 아니었다.

그도 그럴 것이 발톱은 날붙이가 아니기 때문에 칼처럼 날을 세워 무엇인가를 자를 수 없다. 뾰족한 발톱을 상대방의 피부에 찔러 넣어 찢어발기는 게 올바른 사용법인데, 이 방법을 쓰려면 크게 휘어진 발톱이 필요하다. 하지만 테리지노사우루스의 발톱을 보면 커브가 약하다. 더욱이 발톱을 움직이는 근육이 그다지 붙어 있지 않다.

테리지노사우루스가 식물을 먹고 사는 초식 공룡이라는 사실이 밝혀졌다. 그래서 이 발톱은 갈퀴처럼 나뭇가지를 잡아채서 뜯어 먹는…… 즉 현생 나무늘보와 같은 쓰임새로 사용했다고 주장하는 학자들이 많다. 또 식물은 소화하는 시간이 길어, 길고 구불구불한 장이 들어있는 테리지노사우루스의 배는 나잇살이 붙은 아저씨처럼 불룩 튀어나와 있다. 날렵하고 강한 울버린과는 하나도 닮은 구석이 없는 맥주 배가 나온 아저씨 같은 모습이 테리지노사우루스의 본모습이었던 셈이다.

재잘재잘

발톱은 거의 화석으로 남지 않고 발견된 건 손가락뼈 화석.
뾰족한 손가락 끝에 발톱이 칼집처럼 들어 있었다.

## 11 파키케팔로사우루스의 머리를 쓰자

발음하기 까다로운 공룡 이름으로 잘 알려진 파키케팔로사우루스 Pachycephalosaurus. 두개골이 두꺼운 후두류 공룡 그룹의 대표 주자로, 파키케팔로사우루스라는 이름에는 '두꺼운 머리의 도마뱀'이라는 뜻이 담겨 있다. 이 튼튼한 머리는 워낙 단단해서 화석으로 남기 쉬워 발견된 화석은 죄다 두개골이었다.

이 공룡의 머리 꼭대기는 돔 형태로 불룩 솟아 있는데, 그 부분에는 뇌가 없다. 자그마한 뇌는 눈 뒤에 감히 자리를 차지해서 송구스럽다는 듯 옹송그리고 있고, 돔 안에는 뼈가 꽉 들어차 있다. 이 뼈 두께는 최대 25㎝로 화석이 되기 전에 이미 돌덩이에 가까웠다.

그렇다면 이 친구들은 어떻게 돌멩이처럼 단단한 머리를 갖도록 진화했을까? 실은 이 부분은 아는 사람이 없다. 예전에는 머리를 부딪쳐서 싸우는 공룡, 쉽게 말해 박치기 공룡으로 알려졌다. 박치기로 무리 내에서 서열을 정했다는 가설이 있었다. 미국 바위산에서 뿔을 부딪치며 싸우는 큰뿔야생양Bighorn sheep과 비슷한 이미지였다. 그런데 후속 연구를 통해 이 친구들의 목뼈가 박치기를 버티기에는 너무 가늘다는 사실이 밝혀졌다. 이렇게 연약한 목뼈로 몸무게를 실어 박치기하면 탈구나 최악의 상황에서는 목뼈가 뎅겅 부러져 치명적인 골절로 죽을 수 있다는 주장이 나왔다. 최근에는 이 불룩 솟은 돔 위에 화식조처럼 뿔과 비슷한 벼슬이 있었을 가능성이 제기되며 머리를 쓰는 방식에 대해 갑론을박 중이다.

참고로 새끼 시절에는 머리가 돔 모양이 아니다. 암수 모두 성장함에 따라 점점 뼈가 단단하고 두꺼워지는 모양이다.

재잘재잘

두개골에 상처가 있는 화석도 발견되었다. 이런 까닭에 포식자에게서
머리를 보호하는 헬멧 역할을 했을 수도 있다는 주장이 있다.

공룡에게 깃털이 진화했다면 원래는 체온 유지가 목적이 아니었을까. 그러나 깃털은 체온 유지 외에도 다양한 역할을 한다. 까마귀나 비둘기를 보면 알 수 있듯, 깃털은 하늘을 나는 데 중요한 역할을 담당한다. 만약 깃털이 없었더라면 새는 하늘을 날 엄두도 내지 못했으리라. 그 정도로 깃털은 하늘을 날게 하는 비장의 무기다.

본래는 체온 유지를 위해 진화한 깃털이었는데 일부 공룡은 이 깃털을 활용해 날았다. 최초로 하늘을 날았던 새로 엄청나게 유명한 아르카이옵테릭스Archaeopteryx, 통칭 '시조새'가 있다.

시조새 화석은 1861년, 찰스 다윈이 《종의 기원》을 발표한 지 2년 뒤에 발견되었다. 새처럼 '깃털이 돋은 날개'를 가지고 있으면서 새의 특성은 아닌 '꼬리뼈', '앞다리의 손가락', '이빨'을 가진 시조새는 공룡이 새로 진화했음을 보여 주는 '새의 조상'으로 여겨졌다. 그러나 이후 시조새와 새의 관계는 오락가락했다. 그리고 현재는 '시조새와 참새의 공통 조상과 그 자손은 모두 새'라는 정의가 학계에서 받아들여지고 있다. 시조새는 새의 조상공통 조상이 아니었으나, 그 정의에는 이름을 남기고 있다.

참고로 시조새가 날 수 있었는지 없었는지는 알 길이 없다. 골격을 보면 날개를 퍼덕이는 근육이 붙어 있는 '용골 돌기'가 없고, 날기에는 근육량이 부족함을 알 수 있다. 또 새처럼 날개깃remiges은 있는데 축이 너무 좁아 힘차게 퍼덕거릴 수는 없었다고 추측하는 학자가 많다. 반면 공중에서 균형을 잡는 반고리관은 발달해 비행 능력이 발달 중이었다고 볼 수 있다.

재잘재잘
시조새의 자손이 현재의 새가 된 건 아니야. 시조새는 새정확하게는 Avialae의 공통 조상에서 아주 초기에 갈라져 나온 원시 조류야.

# 13 익막으로 하늘을 날았을 수도 있다

'이Yi'라는 공룡은 수각류인 마니랍토라Maniraptora 그룹에 속하는 공룡이다. 이름이라기보다 외마디 비명처럼 느껴지는 독특한 이름은 중국어에서 따왔다. 학명은 'Yi qi', 한자로 '翼奇'라고 쓰는데 '기묘한 날개'라는 뜻이다. 참고로 'Yi qi'는 네 글자, 세계에서 가장 짧은 학명이다.

이 공룡은 이름만 기묘한 게 아니다. 이름대로 기묘한 날개를 가지고 있었다. 이 친구는 앞다리에 있는 세 개의 손가락과 손목뼈가 변화한 '네 번째 손가락'이 길쭉했다. 이 손가락 사이에서 옆구리에 걸쳐 신축성이 있는 피부 막이 펼쳐져 있었는데 이 부분이 날개 역할을 했던 모양이다.

마니랍토라 그룹은 현생 조류를 포함하는 그룹으로 모든 종이 깃털을 가지고 있다고 추정한다. 이Yi 화석에서도 깃털이 확인되었는데, 이 친구들은 어째서인지 일반적인 깃털 날개가 아니라 매우 독특한 '익막翼膜'이라는 날개를 진화시켰다.

그런데 알고 보면 지구 역사상 하늘을 날고자 했던 척추동물 대부분이 익막을 발달시켰다. 예를 들어 박쥐원숭이Colugo와 일본 날다람쥐Japanese giant flying squirrel, 날도마뱀Gliding lizards 등은 발달한 익막을 펼쳐 활공하고, 흔히 '익룡'이라고 부르는 프테라노돈Pteranodon 같은 공룡과 박쥐는 손가락 사이에 펼쳐진 익막으로 비행할 수 있다.

이Yi의 화석은 시조새보다 1,000만 년 오래된 쥐라기 후기 지층에서 발견되었다. 이 시대는 누가 최초로 날 수 있는지를 경쟁하던 시대로 이Yi는 비행 유망 후보 중 하나였다. 후보 중에서 익막을 사용해 비행에 도전한 이Yi는 결과적으로 자손을 남기지 못했으나, 공룡에서 새로 넘어오는 과도기에 진화 실험이 거듭 펼쳐졌다는 증거를 우리에게 보여 주고 있다.

재잘재잘

이Yi는 커다란 익막을 가지고 있었지만, 날개를 퍼덕이는 근육이 붙어야 하는 용골 돌기가 발달하지 못했다. 그래서 활공과 비행의 중간 정도의 능력을 선보였다고 추측할 수 있다.

## 14 벨로키랍토르의 발톱은 가동식이었다

백악기 후기 아시아에서 서식했던 벨로키랍토르Velociraptor는 소형 육식 공룡 중에서는 최고의 인지도를 자랑한다. 영화 〈쥐라기 공원〉 시리즈에서 주인 공급 활약을 보여 준 '랩터'의 모델이 되며 대중에게 눈도장을 확실하게 찍었다. 영화에서 '랩터'는 인간보다 훨씬 크고 힘과 속도뿐 아니라 지능까지 겸비한 만만치 않은 존재였다.

그런데 벨로키랍토르는 몸길이가 1.8m로 긴 꼬리를 제외하면 시바견 크기 정도인 아담한 체구였다. 이름인 '벨로키랍토르Velociraptor'는 '날렵한 사냥꾼' 또는 '발 빠른 도둑'이라는 뜻으로, 이름대로 아담한 체구에 민첩한 사냥꾼이었던 모양이다. 참고로 벨로키랍토르속드로마에오사우루스과은 조류와 근연 관계로 몸 대부분이 깃털로 덮였다고 추정된다. 그중에서도 나무 위에서 생활하던 미크로랍토르Microraptor 같은 공룡은 겉보기에는 완전히 '새'와 다름없다. 영화에서는 상당히 다른 모습으로 그려졌으나, '랩터'도 크기와 깃털 유무를 제외하면 벨로키랍토르와 크게 다르지 않다.

벨로키랍토르의 무기로는 뒷발 둘째 발가락에 있는 가동식 발톱이 유명하다. 이 큼직한 발톱은 '낫 모양'으로 걸을 때는 걸리적거려 위로 치켜들고 다녔다. 그러다 공격할 때는 먹잇감의 등에 훌쩍 올라탄 뒤 낫 발톱으로 먹잇감을 꽉 움켜잡고 날카로운 이빨로 상대의 급소를 노려 숨통을 끊어 놓았다. 실제로 벨로키랍토르가 자기보다 큰 프로토케라톱스Protoceratops, 몸길이 1.5~3m에게 올라탄 뒤 낫 발톱을 목덜미와 배에 박아 넣고 움켜쥔 격투 화석 (121쪽 참조)이 발견되었다.

20세기 이후, 중국의 랴오닝성을 중심으로 깃털 공룡 화석이 여러 점 발견되었다. 다만 깃털이 있다고 알려진 건 현재 기준으로는 소형부터 중형 공룡이 대부분이다. 깃털의 기원은 체온 유지로 추정되며 가만히 있어도 온몸에 열이 쌓이기 쉬운 대형 공룡에게는 굳이 깃털이 필요하지 않았다는 게 학계의 정설이었다.

그런데 이런 주장을 뒤집어엎는 공룡이 나타났다. 바로 유티란누스 Yutyrannus다. 2012년에 중국 랴오닝성에서 발견된 이 공룡은 몸길이가 9m로 거대한 티라노사우루스의 친척. 티라노사우루스와 비교하면 살짝 아담한 몸집이나 우락부락한 체형은 한 집안 형제처럼 닮았다. 아시아에서는 덩치로는 감히 맞설 상대가 없는 최강 육식 공룡이었을 터이다. 그런 대형 육식 공룡이면서 '온몸'에 깃털이 돋아 있는 흔적이 있는 화석이 나왔으니 학계가 발칵 뒤집히는 게 당연하다.

유티란누스는 머리까지 깃털로 덮여 있었고, 길이가 15~20㎝가량인 솜털 같은 섬유 조직이 나 있었다. 이 발견으로 티라노사우루스 같은 근연 관계 대형 육식 공룡에게도 깃털이 있었을 가능성이 제기되어 '병아리처럼 보송보송한 솜털이 돋은 티라노'라는 이미지가 복원화로 그려지는 만행이 자행되며 티라노 팬들을 분노하게 하는 사건이 발생하기도 했다.

그렇다면 유티란누스의 온몸을 덮는 깃털은 무슨 역할을 했을까? 이 친구들이 서식하던 백악기 전기 중국 북부의 기온은 평균 10℃ 정도로 서늘해 방한용으로 깃털이 발달했다는 주장이 유력한 가설로 받아들여지고 있다. 한편 백악기 후기 북아메리카의 기온은 현재보다 10℃ 이상 높아 '티라노사우루스 병아리설'은 일종의 해프닝으로 끝나고 말았다.

재잘재잘
유티란누스는 티라노사우루스보다 6,000만 년 정도 전에 살았다.
그래서 티라노보다 살짝 원시적인 육식 공룡이다.

이족 보행 동물은 뒷다리로 전체 체중을 받쳐 앞다리가 작아지는 경향이 있다. 날지 못하는 새나 인간도 마찬가지다.

그런데 1965년에 발견된 '어느 수각류'의 앞다리는 무려 2.4m로 휠 칠하게 길었다. 발견된 건 앞다리 2개와 그 주변 뼈뿐. 가령 그 '거대한 손'의 주인이 티라노사우루스 같은 모습이라면 전체 길이는 30m나 되는 셈이다. 그래서 그 공룡에게 '데이노케이루스Deinocheirus'라는 이름을 붙였다. 데이노케이루스는 그리스어로 '무서운 손'이라는 뜻이다.

그 뒤 50년 이상이나 데이노케이루스의 전체 모습은 수수께끼에 싸여 있었다. 그런데 2006년과 2009년에 한국—몽골 국제 공룡 탐사 대장인 이융남 박사가 이끄는 연구팀이 전신 화석을 발굴했다. 이 발굴로 전체 길이가 11m인 '거대한 손'의 주인은 알고 보니 어중간하게 큰 크기였고 머리와 입이 작아 우리가 상상하는 사나운 육식 공룡과는 거리가 멀다는 실상이 판명되었다. 또 데이노케이루스의 등에는 스피노사우루스 같은 '돛'이 달려 있었다는 주장도 나왔다.

(한국지질자원연구원 지질박물관의 이융남 박사(현재 서울대 지구환경과학부 교수)는 5년간 연구한 끝에 2014년 〈네이쳐〉에 논문을 발표하고 50년 만에 미스터리 공룡이던 데이노케이루스의 전체 모습을 복원하는 데 성공했다—옮긴이)

또 화석 배 부근에서는 '1,000개가 넘는 위석胃石, 모래주머니 돌'이 발견되어 주식이 식물이었음을 알 수 있다. 다만 배 속에서 '생선 뼈와 비늘'이 발견되어 간식이나 별식으로 물고기를 먹는 잡식성 공룡으로 판명났다. 이 공룡의 '무시무시한 손'은 물가 식물을 그러모아 입으로 가져가거나 물속의 물고기를 움켜잡고 건져 올리는 용도로 사용했을 수도 있다.

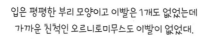
입은 평평한 부리 모양이고 이빨은 1개도 없었는데
가까운 친척인 오르니토미무스도 이빨이 없었대.

괴수의 왕 고질라는 육식 공룡에 가까운 모습인데, 고질라를 상징하는 특징인 '등지느러미'는 스테고사우루스의 '골판'을 참고했을 수도 있다. 골판과 뿔은 방어 무기로 이렇게 화려한 돌기는 육식 공룡으로부터 몸을 지킬 필요가 있는 초식 공룡에게서 주로 찾아볼 수 있는 특징이다.

스테고사우루스의 등에는 오각형 골판이 좌우 교대로 2줄, 17장이나 늘어서 있다. 이 판은 탱크 같은 장갑으로 중무장한 안킬로사우루스나 거북의 등갑 같은 맥락으로 볼 수 있다.

피부 내부에서 생긴 뼈가 발달했다고 추정하던 시대도 있었다. 그런데 최근 골판 내부 구조를 조사하는 연구로 마치 스펀지처럼 구멍이 숭숭 뚫린 성긴 구조인 골판이 의외로 말랑말랑했다는 사실을 알게 되었다.

그렇다면 겉만 그럴듯한 '속 빈 강정'이었냐고 묻는다면 그건 또 아니라고 잘래잘래 도리질할 수밖에 없다. 골판 표면과 내부에서 혈관이 지나는 다수의 홈이 발견되었기 때문이다. 그래서 골판은 장갑이 아니라 체온 유지에 도움을 주었다는 설이 유력한 가설로 부상했다. 추울 때는 양지바른 곳에서 볕을 쬐고 더울 때는 그늘에서 바람을 쐬고, 친환경 에너지로 체온을 조절했다는 주장이다.

골판은 검룡류Stegosauria의 특징으로 다양한 형태의 골판을 가진 공룡이 있었다고 알려져 있다. 가령 켄트로사우루스Kentrosaurus의 골판은 너비가 좁고 칼처럼 납작한 모양이고, 우에르호사우루스Wuerhosaurus의 골판은 뾰족한 부분을 뎅강 잘라 낸 듯한 밋밋한 모양이다. 하지만 골판을 체온 조절에만 활용했다면 굳이 표면적을 줄일 이유가 없어 체온 조절 이외의 다른 용도도 있었다고 추정하고 있다.

재잘재잘

스테고사우루스의 골판은 검룡류 중에서도 최대 크기로 너비와 높이 모두 1m로 큼직하다. 이 판을 가늘게 떨어 악기처럼 소리를 냈다는 재미있는 주장도 있다.

공룡은 오랫동안 '둔하고 굼뜬 덩치 큰 변온 동물'이라는 이미지가 따라다녔다. 현생 파충류는 대부분 대사가 낮은 변온 동물이라 그다지 활동적이지 않고 지구력도 없다. 또 세간에 널리 알려진 공룡이 대형 위주이다 보니 아무래도 둔하다는 이미지가 굳어질 수밖에 없었다.

그런데 1960년대, 어느 발견을 계기로 공룡의 이미지가 달라졌다. 바로 데이노니쿠스Deinonychus라는 '민첩한 사냥꾼'의 모습을 한 공룡이었다. 데이노니쿠스는 날씬한 이족 보행 육식 공룡으로 재규어와 비슷한 크기의 몸집이다. 뒷다리 둘째 발가락 발톱sickle-shaped claw, 낫 모양 발톱이 비정상적일 정도로 커서 먹이를 사냥하는 중요한 무기로 사용했다고 추정된다. 이 발톱을 활용해 자신보다 몸집이 큰 먹이를 잡았다면 뒷다리 발톱을 세워서 먹잇감의 등가죽을 움켜잡고 로데오 경기를 하듯 올라탔을 수도 있다. 또 화석 몇 구가 동시에 발견되어 집단으로 사냥감을 추적했을 가능성도 제기되었다.

발견자인 존 오스톰John Ostrom은 이렇게 지구력이 있는 사냥꾼이 '대사를 억제해 가만히 있는 변온 동물'일 리가 없고 '활발하게 돌아다니며 움직이는 항온 동물'일 가능성이 크다고 주장했다. 또 데이노니쿠스의 앞다리 뼈에서는 새와 공통점이 있음을 암시하는 특징을 여럿 발견할 수 있어 과거에 부정되었던 '새는 공룡의 자손설'이 복권되었다. 데이노니쿠스의 발견으로 '적어도 일부 공룡은 항온 동물'이고 '새는 공룡의 후예'라는 설이 재부상했다.

이는 공룡 연구계에 일대 혁신을 일으킨 사건으로 이 발견을 '공룡 르네상스'라 부른다. 그리고 이 사건을 계기로 학계 안팎에서 공룡에 관한 관심이 높아지고 새로운 발견이 줄줄이 뒤를 이었다.

재잘재잘

공룡 르네상스의 성과가 널리 알려지게 된 시기는 1990년대. 지금과 달리 최신 연구가 일반인에게 전해지는 속도가 느린 시절이었다.

## 19 트로오돈은 공룡 인간 입문 모델

만약 백악기 말에 공룡이 멸종하지 않고 그대로 진화를 거듭했다면 어떤 생물이 되었을까? 그런 SF 소설 같은 사고 시험을 한 별난 연구자가 캐나다에 있었다. 1982년 데일 러셀Dale Russel은 '공룡 인간'이라는 직립 이족 보행 생물을 고안했다. 마치 외계인 같은 모습으로, 트로오돈Troodon을 모델로 삼았다.

　　트로오돈이 공룡 인간의 모델이 된 이유는 '공룡 중에서 가장 머리가 좋다는 설'이 있기 때문이다. 멸종한 공룡을 되살려서 불러 앉혀 놓고 지능 검사를 할 수 있을 리 만무하니 어떻게 '머리가 좋은지' 알았을까? 답은 '뇌 크기'에 있다. 몸무게 대비 뇌 용량의 비율EQ치이 다른 공룡과 비교해 월등하게 컸기 때문이다. 악어의 EQ치를 1.0으로 가정했을 때, 다른 수각류는 1.0~2.0 사이, 그런데 트로오돈의 EQ치는 무려 5.8에 달한다. 참고로 뇌가 '호두 크기'로 유명한 스테고사우루스의 EQ치는 0.6이니, 10배 가까이 높은 수준이다.

　　트로오돈이 먹이를 잡을 때 낚시를 했다고 상상하는 연구자도 있다. 검은댕기해오라기 같은 물새는 직접 잡은 벌레를 수면에 던져 놓고 다가오는 물고기를 잡는 '낚시미끼낚시'를 한다고 알려져 있다. 트로오돈이 이와 비슷한 방식으로 낚시를 했다고 해도 이상하지 않다.

　　이렇게 머리 좋은 트로오돈이 백악기 말에 멸종하지 않고 수천만 년을 계속 진화했다면……. 낚싯대를 드리우고 유유자적 물고기를 낚는 강태공 공룡이 되었다고 주장하면 지나친 상상일까.

재잘재잘

> 트로오돈은 북아메리카에 서식하던 소형 수각류.
> 뾰족하고 작은 이빨이 빽빽하게 돋아 있어 다른 짐승의 고기뿐 아니라
> 씨앗, 곤충, 물고기를 먹는 잡식성이었다는 주장이 있다.

## 산소 농도의 변화

우리의 상식과 달리 원래 지구에는 산소가 거의 없었다. 그러나 약 30억 년 전에 시아노박테리아Cyanobacteria, 남세균가 등장하자 광합성의 부산물인 산소를 방출하기 시작했다. 그리고 수억 년을 거쳐 수중에 다 녹아들지 못한 산소가 대기 중으로 방출되며 오존층이 만들어지고, 육상에서도 생물이 살 수 있는 환경이 갖추어졌다.

또 약 4억 년 전 데본기에 들어서 육상에 식물이 진출하자 대기 중에 있는 산소 농도가 서서히 높아졌다. 더욱이 데본기와 다음 석탄기Carboniferous period에는 나무를 분해하는 생물이 거의 없었기에 탄소를 포함한 고목은 썩지 않고 매몰되어 화석이 되었다. 이렇게 탄소가 점점 땅속에 축적되어 당시 산소 농도는 무려 35%에 달했다.

그런데 고생대 마지막 시기인 페름기Permian에는 나무를 분해하는 버섯 같은 균류가 증식하기 시작했다. 그러자 고목이 분해되어 쌓여 있던 탄소가 산소와 결합해 이산화탄소가 되었고 대기 중 산소 농도가 급격히 떨어지기 시작했다.

그 뒤 트라이아스기부터 쥐라기에 걸쳐 산소 농도가 13%까지 떨어지는 저산소 시대가 찾아왔다. 다만 쥐라기 후기에는 산소 농도가 20% 전후까지 회복되었고, 현재에 이르기까지 약간의 변동은 있어도 같은 수준을 유지했으리라고 추측할 수 있다.

공룡은 트라이아스기 저산소 환경에서 물 만난 고기처럼 두각을 나타내며 번성했다. 어떤 의미에서 과장을 조금 보태면 '버섯이 공룡을 번영시켰다.'는 주장도 가능하지 않을까.

# 3 장

# 공룡의
# 평범한 일상

# 1 거대하고 거대한 식사 풍경

공룡이 지상을 활보하던 중생대에는 어떤 식물이 자라고 있었을까? 배경 식물은 공룡 복원도에 현실성을 자아내기 위해 중요하다. 공룡 시대를 배경으로 한 영화나 삽화에 자주 등장해 눈에 익은 거대 덩굴 식물. 현대의 덩굴 식물은 키가 작은 종이 대부분이다. 옛날에는 거목으로 자라는 덩굴 식물이 많아 3억 8,000만 년 전에는 '최초의 나무'인 아르카이오프테리스Archaeopteris가 등장했다. 참고로 시조새는 아르카이오프테릭스Archaeopteryx로 그야말로 한 글자 차이라 헷갈리기 쉬우니 혼동하지 말자.

덩굴 식물은 습지에서 수정하는 방식으로 번식해 건조한 기후에 약하다는 약점이 있다. 그런 약점을 극복한 식물이 3억 2,000만 년 전에 나타난 겉씨식물소철이나 침엽수 등이다. 겉씨식물은 체내에서 수정하고 종자를 만들어 건조한 풍토에서도 군락지를 확장할 수 있다.

중생대가 시작된 2억 5,200만 년 전 육상 식물 대부분은 덩굴 식물과 겉씨식물이었다. 그런데 백악기 전기에 들어서자 속씨식물이 등장했다. 꽃과 열매가 있는 속씨식물은 곤충에게 수정을 외주하거나, 새가 열매를 먹는 방식으로 광범위하게 씨앗을 퍼뜨려 백악기 말에는 육상 식물의 70%를 차지하게 되었다. 다만 아직 꽃과 열매가 작아 겉보기에는 수수했다.

쥐라기부터 백악기의 산소 농도는 오늘날과 같은 수준이었으나, 이산화탄소 농도는 2~6배에 달했다. 그래서 최근 지구촌 문제로 부상한 온난화 문제는 명함도 내밀지 못할 수준으로 기온이 높았다. 풍부한 이산화탄소로 광합성에 매진한 식물은 무럭무럭 성장해 덩치를 키웠다. 그러자 식물을 먹고 사는 초식 공룡도 함께 몸집이 커졌다. 그렇게 우리가 아는 거대한 공룡이 거대한 식물을 먹는 장대한 공룡 시대의 풍경이 만들어졌다.

재잘재잘

현재 육상 식물의 90% 이상이 속씨식물이다. 그래도 에너지 절약형인 덩굴 식물은 볕이 잘 들지 않는 곳에서 여전히 세력을 과시하는 중이고, 추위에 강한 침엽수는 고위도 지역에서 여전히 번성 중이다.

# 2 식물은 먹기 힘들어

아프리카의 사바나를 보면 누Gnu와 얼룩말 등 초식 동물이 떼를 지어 노닐고 사자와 치타 같은 육식 동물 수는 그리 많지 않다. 한가롭게 초원에서 풀을 뜯는 초식 동물을 보면 팔자가 참 편해서 부러워 보일 때가 있다. 그런데 현생 파충류를 보면 식물을 먹는 종은 육지 거북과 이구아나 정도로 초식 파충류는 파충류 중에서는 소수파에 속한다. 식물은 질겨서 소화하기 어려운 먹이라 특수한 소화 기관이 없으면 충분한 에너지를 얻을 수 없다. 물론 열매를 동물에게 먹혀 씨앗을 퍼뜨리는 식물도 있어 예외는 있다.

식물을 소화하기 위해 소처럼 되새김질하는 반추 동물은 반추위라는 특수한 소화 기관을, 말과 같은 동물은 맹장을 진화시켜 박테리아 발효를 이용해 에너지를 섭취한다. 즉 누구나 꺼리는 먹이를 주식으로 삼아 폭발적으로 수를 늘리는 전략을 선택한 셈이다.

그렇다면 초식 공룡은 식물을 어떻게 소화했을까? 사실 내장은 화석으로 남지 않아 알 길이 없다. 그런데 어떻게 초식 공룡인 줄 알 수 있을까? 흔히 치아 형태를 보고 판단한다. 식물을 먹으려면 날카로운 엄니는 필요하지 않다. 딱딱한 부리로 뜯어내서 자잘한 어금니로 으깨 먹는 방식이 당시 초식 공룡계의 대세였다. 조반류 공룡 대부분은 이 방식으로 먹이를 섭취했는데 특히 식물 으깨기에 집중한 공룡이 하드로사우루스Hadrosaurus였다. 이 공룡의 입안에는 자잘한 이빨이 옥수수 알갱이처럼 빽빽하게 들어차 있고, 예비 치아도 몇 겹으로 나 있어 항상 2,000개 가까운 치아가 준비되어 있었다. 참고로 파충류는 몇 번씩 이갈이를 해서 새 치아를 가질 수 있다는 점, 토막 상식으로 알아두자.

재잘재잘

화석의 위 주변에서 으깨진 식물 화석을 발견할 때도 있다. 소화가 되다 만 식물 화석을 발견하면 그 공룡이 식물을 먹고 살았음을 확실히 알 수 있다.

# 3 독을 사용해 사냥한 공룡이 있었다?

독을 이용하는 생물은 적지 않다. 식물과 버섯, 개구리, 복어처럼 체내나 몸 표면에 독을 지니고 이를 방어에 이용하는 생물과 해파리, 전갈, 청자고둥, 뱀처럼 독침과 독니를 공격에 이용하는 생물도 있다. 그러나 <mark>공룡의 자손인 새 중에 독이 있는 종류는 아마 거의 본 적이 없으리라.</mark> 아주 드문 예로 두건피토휘<sup>학명: Pitohui dichrous</sup>와 푸른두건이프리트<sup>학명: Ifrita kowaldi</sup> 같은 새는 스스로 독을 만들지 않고 유독 곤충을 잡아먹어 깃털과 근육에 독을 저장하는 독특한 습성이 있다.

독을 만들든 독을 먹어서 체내에 저장하든 독은 몸에 상당한 부담을 준다. 그래서 민첩한 새는 독을 발달시키기보다 빠른 몸놀림을 활용하는 게 생존에 유리하다. 참고로 <mark>현생 파충류 중에서도 뱀 이외에 독이 있는 종류는 아주 일부다.</mark>

조류와 파충류 대부분이 독을 선택하지 않은 사실로 미루어 짐작해 보면 독이 있는 공룡은 희귀했다고 추정할 수 있다. 설령 공룡이 체내나 몸 표면에 독을 가지고 있었더라도 그 흔적이 화석에 남지 않는다. 이런 악조건 속에서도 <mark>2009년에 드디어 '시노르니토사우루스<sup>Sinornithosaurus</sup>는 독을 사용해 사냥했을 가능성이 있다.'</mark>는 논문이 발표되었다.

시노르니토사우루스는 드로마에오사우루스<sup>Dromaeosaurus</sup>와 친척으로 가장 작은 육식 공룡인데, 위턱 이빨에서 가느다란 홈이 발견되었다. 이 홈은 유혈목이 같은 독사에게서 발견되는 특징이다. 게다가 이 독니 뿌리 근처에는 독을 저장했다고 추정되는 공간이 있었다. 그래서 어쩌면 자신보다 큰 먹이를 독으로 쓰러뜨려 작은 고추가 더 맵다는 속담을 증명하는 공룡이었을 수도 있다.

재잘재잘

유혈목이는 독니가 앞으로 드러나 있지 않고 어금니 쪽에 독니가 있으며 윗입술판 밑에 독선이 발달한 독사<sup>rear-fanged, Opisthoglypha</sup>다. 한편 살무사처럼 눈에 잘 띄는 앞니에 독이 있어 한눈에 독사임을 알 수 있는 독사도 있다<sup>front-fanged, Proteroglypha</sup>.

티라노사우루스의 치악력은 아마 생물 사상 최강이 아닐까. 치악력은 턱 근육량에 따라 달라져 골격을 보면 대강 짐작할 수 있다. 티라노사우루스의 머리뼈는 큼직하고 근육이 붙은 부위도 넓어 6~8t 정도의 힘을 낼 수 있었으리라고 계산할 수 있다. 치악력을 숫자로 써도 감이 잘 잡히지 않을 수 있는데, 6~8t은 사자의 10배 정도의 힘. 이빨로 물고 늘어진 티라노사우루스의 코 위에 다른 티라노사우루스가 외발로 서서 춤추는 정도의 힘이 가해진다고 표현할 수 있다. 이 정도의 힘이라면 티라노사우루스가 물어뜯지 못할 먹잇감은 없었다고 보아도 좋은 수준이다.

이만큼 강한 힘이 가해지니 턱과 이빨도 무는 힘을 버틸 수 있을 정도로 튼튼해야 한다. 티라노사우루스의 턱은 너비가 넓고 뼈가 튼실해 뎅겅 부러질 염려는 없다. 티라노사우루스의 이빨은 다른 육식 공룡과 비교해도 크고 바나나처럼 휘어진 모양이다. 또 육식 공룡의 이빨에는 앞뒤 가장자리에 스테이크를 써는 나이프처럼 톱날 모양이 들어가 있어 고기를 찢어발길 수 있다. 티라노사우루스도 앞니만 단면이 D자로 생겼다. 설명을 들어서는 잘 이해가 되지 않을 수 있는데, 'D'자에서 커브를 그리는 면이 입 바깥쪽, 평평한 면이 안쪽이라고 생각하자. 그 평평한 면의 두 군데 모서리에 고기를 찢어발기는 톱날이 붙어 있다. 그래서 고기를 찢어발기는 효율이 다른 이빨보다 뛰어나고, 강력한 턱 힘과 합쳐 먹이를 잘근잘근 씹어 먹을 수 있었으리라.

티라노사우루스는 강력한 턱과 이빨로 먹이를 우적우적 씹어 먹었던 모양이다. 실제로 티라노사우루스의 것으로 추정되는 배설물 화석에서 살코기와 함께 씹어 삼킨 대량의 뼛조각이 발견되었다.

재잘재잘
캐나다에서 발견된 7kg에 달하는 티라노사우루스의 배설물 화석에는 케라톱스류 공룡의 프릴 뼈가 대량으로 들어 있었다.

## 5 무는 게 아니라 저며 냈다

얼핏 보면 티라노사우루스와 쌍둥이처럼 닮은 공룡이 알로사우루스Allosaurus다. 알로사우루스는 쥐라기, 티라노사우루스는 백악기 공룡이라는 사실을 아는 사람도 알로사우루스의 후손이 티라노사우루스라고 착각하는 경향이 있다. **두 공룡은 같은 수각류이지만 계통이 떨어져 있는 완전히 남의 집안 식구다. 티라노사우루스는 알로사우루스보다 오히려 새에 가깝다.**

알로사우루스는 '쥐라기 최강'으로 일컬어지는 육식 공룡이라(더 대형인 사우로파가낙스라는 근연 관계 수각류도 있지만……), 쥐라기를 무대로 한 픽션에서 티라노사우루스와 비슷한 배역으로 등장한다. 하지만 자세히 살펴보면 두 공룡의 차이는 제법 크다.

알로사우루스의 머리는 측면에서 보면 큰 바위 얼굴처럼 큼직한데, 정면에서 보면 좁아 개복치 같은 반전 외모다. 게다가 이빨은 두툼해 날이 두꺼운 나이프처럼 생겼다. 그런 까닭에 티라노사우루스처럼 뼈째로 우적우적 씹어 먹지 않고 살코기만 저며 내서 발라 먹었다. 알로사우루스의 치악력은 사자 정도이고 몸무게는 티라노사우루스의 3분의 1수준으로 힘에서는 밀리는 느낌이 드는데, 관점에 따라서는 티라노사우루스보다 날렵한 사냥꾼 같은 이미지로 볼 수 있다.

알로사우루스의 실체를 알고 나서 실망하는 사람도 있을 수 있다. 그러나 '쥐라기 최강'이라는 칭호는 결코 과장이 아니다. 용각류 공룡인 아파토사우루스의 뼈에서 알로사우루스에게 물린 흔적이 발견되었다. 몸무게가 10배 넘게 나가는 아파토사우루스를 덮치는 박력, 체급이 깡패라는 속설을 비웃는 듯한 모습이다. 이런 사실로 보아 어쩌면 무리를 지어 협력하며 아파토사우루스를 사냥했을 수도 있다는 주장이 나오게 되었다.

재잘재잘

티라노사우루스의 앞다리는 몸 크기에 걸맞지 않게 빈약하고 발가락도 2개밖에 없는데, 알로사우루스의 앞발은 큼직하고 발가락도 3개나 있다.

# 6 길쭉한 발가락 한 개는 곤충을 좋아했다는 증거?

깡뚱하게 짧은 앞다리에 굵은 발톱이 하나만 달린 '수수께끼 공룡'이 모노니쿠스Mononykus다. 뒷다리가 훤칠하게 긴 육상 선수 체형인데, 어울리지 않게 유독 짧은 앞다리가 눈에 띈다. 모노니쿠스라는 이름은 '하나의 발톱'이라는 뜻으로 발견자도 이 발톱에 꽂혀 이런 이름을 붙였던 모양이다. 그런데 왜 이렇게 기묘한 모습으로 진화했는지는 아직도 밝혀지지 않았다.

모노니쿠스는 알바레즈사우루스Alvarezsauroidea와 친척 관계다. 이 그룹은 수각류 중에서도 소형으로 닭에 긴 다리와 꼬리를 붙인 정도의 아담한 크기다. 입에는 작은 이빨이 촘촘하게 나 있어 아무래도 곤충 같은 작은 생물을 먹었을 공산이 크다.

이 그룹, 새로운 시대의 종일수록 앞다리가 짤막하고 본래 3개였던 발가락 수가 줄어드는 경향이 있다. 다만 발가락 수는 줄어들어도 앞다리 뼈는 굵직하고 근육도 옹골차게 붙어 있다.

근육질 앞다리로 보아 모노니쿠스의 앞다리 발톱도 무엇인가 특별한 용도가 있었다고 추측할 수 있는데……. 그래서 공룡 연구자들이 머리를 짜내 '흰개미 굴을 파는 용도'라는 가설을 내놓았다. 개미핥기가 앞다리의 큼직한 발톱으로 개미굴을 파듯, 모노니쿠스도 귀이개로 귀지를 파듯 발톱으로 흰개미 굴을 후비적후비적 팠다는 참신한 주장이다.

흰개미는 백악기 전기에 바퀴벌레에서 진화한 의외로 새로운 곤충이다. 백악기의 흰개미는 개미굴을 만들지 않고 나무 속을 둥지 삼아 살았던 모양이다. 모노니쿠스는 백악기 후기 공룡이니 발톱으로 나무를 파서 흰개미를 잡아먹었을 가능성이 있다. 다만 앞다리가 너무 짧아 쓰임새는 그다지 좋지 않았을 확률이 높다.

재잘재잘

티라노사우루스의 짧은 앞발도 무슨 용도로 썼는지 확실히 밝혀지지 않았다. '일어설 때 앞발로 지면을 밀어 반동을 이용해 몸을 일으켰다.'는 가설이 있다.

# 7 최대 육식 공룡은 고기보다 생선을 좋아했다

티라노사우루스를 소개할 때 '최대급 육식 공룡'이라는 표현을 사용했다. 왜 '최대'가 아니라 '최대급'이라고 썼냐면, 티라노사우루스보다 큰, 전체 길이가 16m에 달하는 스피노사우루스Spinosaurus라는 거대한 벽이 떡 버티고 있기 때문이다.

스피노사우루스는 물가에서 생활한 덕분에 이 정도로 몸집을 키울 수 있었다. 스피노사우루스의 화석은 강이나 호수 등 물가 지층에서만 발견된다. 물속에서는 몸이 떠서 몸무게가 무거워도 근육과 관절에 부담을 덜 주기 때문이다. 그래서 몸집이 거대해질 수 있었다고 추정한다.

물가에서 서식하는 스피노사우루스는 최대 육식 공룡이나 주식은 물고기였다. 주둥이가 좁고 길며 자그마한 이빨이 촘촘히 나 있어 물속에서 입을 그물처럼 훑어서 물고기를 잡는 사냥 방식에 적합하다. 이러한 입 모양은 물고기를 먹고 사는 악어인 가비알Gavialis gangeticus이나 강돌고래Platanistidae와 닮았다. 또 스피노사우루스의 등에는 긴 뼈 돌기가 있고, 이 돌기에 피부막돛이 있었다고 추정된다. 스피노사우루스는 물속에서 체온이 내려가면 돛을 펼쳐 햇볕을 받아 체온을 높였을 수도 있다.

이렇게 수중 생활에 적응해 대형화한 스피노사우루스가 알고 보면 헤엄을 칠 줄 모르는 맥주병이었다는 재미난 주장도 있다. 스피노사우루스의 몸은 띄기 쉬워 완전히 잠수하면 옆으로 뒤집히기 일쑤였다나. 이 주장이 옳다면 하반신만 물에 담그고 어기적어기적 걸어 다니며 물속에 고개를 들이밀고 물고기를 잡아먹지 않았을까. 커다란 덩치에 어울리지 않는 참으로 평화로운 포식 생활이다.

재잘재잘
2020년에는 스피노사우루스의 꼬리가 세로 방향으로 넓적하다는 이유로 이 공룡이 몸을 비틀어 유유히 헤엄쳤다는 맥주병 반박설도 나왔다.

## 8 수륙 양용 공룡도 있었다?

물가에 적응한 공룡은 스피노사우루스류 말고도 있다. 그중에서는 마치 물새 같은 공룡도 있다. 바로 할스즈카랍토르Halszkaraptor escuilliei다. 이 친구는 새에 가까운 드로마에오사우루스의 친척으로 아마 온몸이 깃털로 덮여 있었으리라. 그래서 머리가 작고 목이 긴 모습은 백조와 닮은꼴이었을 수도 있다.

다만 마름 같은 수초를 주식으로 삼는 백조와 달리 할스즈카랍토르의 먹이는 물고기였다. 짧은 앞다리를 펭귄 날개처럼 사용해 물속에서 파닥파닥 날갯짓해 물고기를 잡았던 모양이다. 또 두개골을 살펴보면 코끝에 공동이 있고 그 구멍에 수압으로 사냥감의 존재를 느끼게 하는 센서가 있었다고 알려져 있다. 이렇게 수중 생활에 적합한 몸을 가지고 있으면서도 뒷다리는 튼실해서 육상에서 뒤뚱뒤뚱 장시간 걸을 수 있었다.

할스즈카랍토르는 데이노케이루스Deinocheirus와 거의 같은 약 7,000만 년 전 몽골 지층에서 발견되었다. 당시 이 부근에는 큰 강과 호수가 존재했고, 식물을 주식으로 삼았던 데이노케이루스조차 별식으로 물고기를 잡아먹곤 했다. 이러한 환경에서는 할스즈카랍토르처럼 물속을 헤엄치는 물고기를 주식으로 삼아 살아가는 어부 물고기가 나타나도 하등 이상할 게 없다.

현재까지 완전한 수중 생활을 했던 공룡은 알려지지 않았으나, 어쩌다 보니 발견되지 않았을 수도 있다. 화석이 발견되는 공룡은 1% 이하이니 어마어마하게 운이 좋아야 화석으로 발견될 수 있다. 적어도 물개나 펭귄처럼 반 수중 생활을 한다면 공룡도 물속으로 진출할 기회는 충분히 있었다. 할스즈카랍토르의 발견은 수중 생활 공룡이 있었음을 방증하는 증거가 되지 않을까.

재잘재잘

할스즈카랍토르의 화석은 도굴되어 국외 시장에 팔려 나갔다.
암시장에서 거래되던 화석이 학자의 눈에 띄어
대발견으로 이어지는 경우도 왕왕 있다나.

# 9 청소기 같은 입은 무엇을 위해?

용각류는 모두 초식 공룡이다. 그러나 용각류의 이빨은 같은 초식 공룡인 조반류처럼 이빨이 빽빽하게 들어찬 '덴탈 배터리dental battery' 형태는 아니다. 연필이나 숟가락처럼 길쭉한 이빨이 살짝 간격을 두고 듬성듬성 나 있었다.

몸집이 큰 용각류는 거대한 몸을 유지하기 위해 온종일 먹었다. 용각류의 머리는 작아 한 번에 씹을 수 있는 양이 적었고 치악력도 그다지 강하지 않았다. 그래서 용각류는 식물을 씹어서 으깨지 않고 이빨로 식물을 잡아 뜯어서 꿀꺽 삼켰다.

그렇다면 식물을 어떻게 잘게 조각내서 소화했을까? 답은 돌멩이다. 용각류는 돌멩이를 꿀꺼덕 삼켰다. 돌을 삼키면 돌이 위 속에서 맷돌 역할을 해서 식물을 분쇄했다. 실제로 용각류 화석의 위 주변에서는 오래 써서 반들반들해진 맷돌 같은 '위 석'이 발견되었다. 참고로 위 석 이용은 용각류 공룡의 전매특허가 아니라 다른 초식 공룡과 타조 같은 조류도 이용하는 식사법이다.

용각류 중에서도 특출나게 기묘한 이빨을 가진 친구가 니제르사우루스Nigersaurus다. 청소기처럼 생긴 평평한 주둥이 앞쪽에 자잘한 앞니가 빼곡하게 들어차 있고, 입 안쪽 어금니가 있어야 할 자리에는 이빨이 없었다. 게다가 니제르사우루스는 예비 치아를 500개 이상 가지고 있는 이빨 부자였다. 이 독특한 치아 구조는 바닥에 난 식물을 먹고 살기 위해 만들어졌다. 낮은 위치에 있는 식물을 낫으로 베듯 훑어서 먹으려면 이런 형태의 치아가 편리했으리라. 즉 니제르사우루스의 주둥이는 청소기처럼 생겼으나 실제 용도는 낫이었던 셈이다.

재잘재잘

아프리카 니제르에서 발견되어서 나라 이름을 붙여서
'니제르사우루스'가 되었대.

## 10 트리케라톱스와 무척 닮은 이웃

트리케라톱스는 큼직한 두상으로 우리에게 친숙한 공룡이다. 특히 프릴이라고 부르는 목 장식은 머리뼈의 절반을 차지한다. 이 프릴은 급소인 목을 보호하기 위해 커다랗게 발달했다고 추정하는데, 케라톱스류는 종에 따라 프릴 형태가 제각각이라 자신과 동종인지 별종인지를 판별하는 데 프릴이 도움이 되었다. 가까운 종류의 동물이 많은 환경에서는 특징적인 외모를 내세우면 동종인 짝을 찾기 쉬워진다. 열대 다우림에 서식하는 새, 산호초, 물고기가 종마다 다른 알록달록한 색채와 무늬를 뽐내며 외모 경쟁을 펼치는 것도 종이 같은 짝을 찾기 위해서다.

다채로운 케라톱스류 중에서도 최대급인 트리케라톱스…….  그런데 실은 트리케라톱스는 독립종이 아니라 토로사우루스Torosaurus의 젊은 개체라는 설도 있다. 토로사우루스는 트리케라톱스보다 몸집이 약간 크고 프릴과 뿔도 더 긴 '사상 최대 머리'를 지닌 육상 동물이다.

트리케라톱스의 눈 위에 난 뿔은 유소년기에는 위를 향하고, 성장함에 따라 차츰 아래로 구부러진다. 또 트리케라톱스의 뿔은 바깥쪽 가장자리보다 중앙부의 뼈가 살짝 가늘다. 그래서 토로사우루스의 앞으로 뻗은 긴 뿔과 프릴 중앙부에 구멍이 뚫린 모습은 트리케라톱스 성장의 '미래'라는 주장이 나왔었다.

그러나 후속 연구로 '중간 형태가 발견되지 않았다.'거나 '토로사우루스의 젊은 개체가 발견되지 않았다.'는 반박이 나오며 이 주장은 거의 부정되고 있다. 다만 트리케랍토스와 토로사우루스 둘 다 백악기 후기 북아메리카 출신이라 만약 길거리에서 마주친다면 얼굴을 보고 '구분하기는 알쏭달쏭한 공룡'이다.

재잘재잘
> 토로사우루스의 프릴에 뚫린 구멍은 피부로 덮여 있었다고 추정된다.
> 이 구멍은 쉽게 말해 몸무게를 줄여 민첩성을 강화하려는 목적으로
> 만들어진 '군살 줄이기', 즉 경량화 프로젝트의 성과물이었다.

앞 장에서 소개했듯 케라톱스류는 각양각색의 프릴을 뽐내며 프릴을 자신과 같은 종을 판별하는 도구로 활용했다. 실제로 대형 종은 실용과는 거리가 먼 기상천외한 프릴을 가진 개체가 많아 '다른 종과 벌이는 차별화'가 진화 요인으로 작용했다는 주장에 일리가 있어 보인다.

예를 들어 트리케라톱스라는 이름은 그리스어로 '3개의 뿔이 있는 얼굴'이라는 뜻으로, 이 공룡에게는 눈 위에 2개, 코 위에 1개, 총 3개의 뿔이 있었다. 트리케라톱스는 워낙 자주 보는 얼굴이라 괴상하게 느껴지지 않아도, 코스모케라톱스Kosmoceratops처럼 뿔이 15개나 있는 공룡을 보면 외계 생물처럼 괴상하게 느껴져 거부감이 생긴다. 게다가 뿔 대부분이 프릴 위에서 앞머리처럼 드리워져 있어 실용성과는 거리가 먼 디자인 요소로 볼 수밖에 없다. 프릴에 뿔이 솟은 또 다른 공룡인 레갈리케라톱스Regaliceratops는 사자 갈기처럼 멋진 프릴로 유명한데, 프릴이 워낙 화려해서 좀 과한 느낌이 든다.

또 카스모사우루스Chasmosaurus는 하늘을 향해 1m 가까이 우뚝 솟은 프릴을 가지고 있는데 이 프릴은 마치 개조 오토바이의 꼬리 날개 같은 분위기를 연출한다. 스티라코사우루스Styracosaurus는 프릴 자체는 짧은데 가장자리에 창처럼 길고 뾰족한 뿔이 삐죽삐죽 튀어나와 덩치를 커 보이게 만든다. 이처럼 자기주장이 강한 디자인은 거구와 합쳐져 '위압감'을 자아냈고 이런 튀는 전략으로 적이 섣불리 다가오지 못하게 만드는 역할을 했다.

케라톱스류의 조상은 쥐라기 후기에 등장했는데, 이렇게 과도한 프릴을 발달시킨 종은 모두 공룡 시대 마지막에 해당하는 백악기 후기 공룡들이다. 참고로 가장 많은 화석이 발견된 케라톱스류는 '프릴도 뿔도 없는' 수수한 프시타코사우루스였다.

재잘재잘

프시타코사우루스는 소형 이족 보행 케라톱스류. 백악기 전기에 번성했으나 후손은 대형화 물결 속에서 몸집을 키우지 않고 있다가 대가 끊겼다.

픽션 세계에서는 공룡들을 자유자재로 싸우게 만들 수 있다. 그러나 실제로는 같은 백악기 후기 공룡이라도 수천만 년 단위로 서식 연대가 다르거나, 서식 지역과 환경이 달라 싸움이 가능한 조합이 의외로 적다.

또 실제로 싸웠더라도 증거가 남는 경우가 매우 드물다. 그런데 요행히 아파토사우루스와 알로사우루스 무리의 흔적이 나란히 화석으로 남아 발견되었다. 그 밖에도 스테고사우루스가 알로사우루스에게 물린 흔적이나 알로사우루스 뼈에 스테고사우루스의 뼈 가시가 박힌 흔적도 발견되었다. 이런 화석이 발견되면 '알로사우루스가 아파토사우루스를 추적해서 덮쳤다'거나 '스테고사우루스를 덮쳤는데 반격당했다'고 추측할 만한 근거는 되지만, 이 추측에는 어느 정도 상상이 포함될 수밖에 없어 이런 주장을 부정하는 연구자도 있었다.

"더 제대로 된 전투 증거는 없나요?"

확실한 증거를 원하는 독자를 위해 숨겨 둔 패를 소개한다. 바로 벨로키랍토르와 프로토케라톱스의 '격투 화석'이다. 이 화석을 보면 프로토케라톱스는 벨로키랍토르의 오른쪽 앞다리를 물고 늘어지고, 벨로키랍토르는 양쪽 앞다리로 프로토케라톱스의 머리를 집고, 뒷다리의 큰 발톱을 상대의 목과 배에 찔러 넣었다. 이 박진감 넘치는 화석은 뿔뿔이 흩어져 발견된 화석을 복원한 게 아니라 전투 자세 그대로 발견되었다. 진짜 공룡 간 전투 모습을 생생하게 전해 주는 귀중한 화석이다.

재잘재잘

이 '격투 화석'은 몽골 고비 사막에서 발견되었다. 전투 도중에 모래 폭풍에 휩쓸려 그대로 생매장된 상태로 화석이 된 모양이다.

## 13 북극에도 공룡이 살고 있었다

공룡이 번성한 쥐라기와 백악기에는 현재보다 지구 평균 기온이 높고 남극 대륙과 북극권도 얼음 대륙이 아니었다. 또 당시 남극 대륙은 남아메리카와 오스트레일리아와 육지로 이어져 있고 숲도 있어 지금과 비교하면 상당히 살기 좋은 환경이었다.

그러나 아무리 지금보다 따뜻해도 극지방에 가까워질수록 기온이 내려가는 건 예나 지금이나 다름없다. 그리고 여름은 '백야'로 해가 저물지 않는 대신 겨울은 '극야極夜, Polar night'로 해가 뜨지 않아 추위에 강해야 할 뿐 아니라 어둠 속에서도 활동할 수 있는 능력이 없으면 겨울을 넘길 수 없었다.

예전에 극지에서 발견한 공룡은 철새처럼 겨울을 따뜻한 곳에서 났다고 여겼다. 그런데 최근에 북극권에서 '새끼 공룡 발자국'과 '알껍데기'가 발견되었다. 발자국과 알껍데기는 극지에서 산란했다는 증거. 아장아장 걷는 새끼를 데리고 따뜻한 고장까지 장거리로 이동하기는 불가능해 일 년 내내 극지에서 지낸 공룡이 있었다고 볼 수밖에 없다.

그렇다면 이 공룡들은 어떻게 겨울을 났을까? 이제 막 연구가 시작된 참이라 아직은 알 수 없다. 게다가 하필 극지에서 발견된 화석이 나누크사우루스Nanuqsaurus처럼 '추운 지방에서만 발견되는 공룡'뿐 아니라 파키리노사우루스Pachyrhinosaurus와 에드몬토사우루스Edmontosaurus처럼 '온대 지역에서 번성한' 공룡도 있었다. 월동 장비도 갖추지 않은 일반 채비로 극지의 겨울을 견딜 수 있을지 의문이 드는데, 현실을 보면 의외로 그럴 수도 있겠다고 고개를 끄덕이게 된다. 예를 들어 현생 호랑이는 적도 바로 아래 수마트라섬에서부터 극한의 시베리아까지 드넓은 지역에서 서식하기 때문이다. 일부 공룡은 항온 동물이었기에 의외로 온도 적응 범위가 넓었을 수도 있다.

재잘재잘

홋카이도대학교의 고바야시 요시쓰구小林快次 교수는 매년 알래스카를 방문해 발굴 조사에 나서는 열정적인 현장형 공룡학자. 2007년에는 하드로사우루스 어미와 새끼의 발자국을 발견했다.

## 14 살다 보면 아플 때도 있는 법

뱀이나 이구아나를 동물 병원에 데려가면 반려동물을 데려온 다른 보호자가 흠칫 놀라지만, 파충류도 병에 걸릴 수 있다. 그런데 설령 공룡이 내장 질환을 앓았더라도 화석에는 증거가 남지 않는다. 하지만 뼈 변형을 관찰할 수 있는 질병이라면 흔적이 남을 수 있다.

예를 들면 티라노사우루스는 통풍을 앓았을 가능성이 있다는 주장이 있다. 앞다리 뼈가 녹아서 변형된 화석이 발견되었기 때문이다. 사실 파충류와 조류는 단백질을 과도하게 섭취하면 통풍에 걸리고, 뱀이나 앵무새도 먹이를 너무 많이 주면 통풍에 걸릴 수 있다. 참고로 포유류는 통풍의 원인이 되는 요산을 분해할 수 있어 고기를 많이 먹어도 어지간해서는 통풍에 걸리지 않는데, 유인원은 이 기능을 상실해 우리 인간은 통풍에 걸릴 수 있다.

공룡에게 부상은 일상다반사였다. 공룡이 살던 당시를 상상하면 당연한 일. 포식자에게 습격을 당하거나, 먹이를 잡으려다 반격을 당하거나, 암컷을 두고 수컷끼리 다투는 등 공룡의 생활에는 위험이 차고 넘쳤다. 그렇게 부상에서 살아남은 공룡의 골절 흔적이 화석에 남을 때가 있다. 특히 육식 수각류 공룡은 네 다리 골절률이 매우 높은 비율로 발견되었다.

이러한 골절의 원인이 꼭 싸움 때문이라고만은 볼 수 없다. 같은 무리 동료에게 꼬리를 밟혀 골절되는 경우도 많았다. 무리 지어 생활하던 하드로사우루스 같은 공룡은 꼬리가 부러졌다가 나은 흔적이 많이 발견되어 당시 생활상을 추측할 수 있다.

재잘재잘
아무리 거대하고 강한 공룡이라도 살다 보면 아플 때가 있는 법이다.

공룡의 수명은 어느 정도일까? 아마 '몸집이 클수록 오래 산다.'는 정도는 어디선가 귀동냥으로 들은 적이 있지 않을까. 예를 들어 북극고래의 수명은 100년을 가뿐히 넘기는데, 햄스터의 수명은 고작 2~3년. 그러나 몸집 크기만으로 수명이 정해지는 건 아니다.

티라노사우루스의 뼈 단면을 조사해서 나이를 추정했더니 가장 오래 산 티라노사우루스가 서른 살이었다. 원래 미국 미시시피강 유역에 서식하다가 파충류 애호가들 눈에 띄어 세계 곳곳으로 퍼져 나간 생태계 교란종인 붉은귀거북과 얼추 비슷한 수준이라, 수명이 반드시 몸집에 비례한다고는 볼 수 없다.

실은 동물의 수명은 '대사'와 밀접한 관련이 있다. 대사가 낮을수록 장수하는 경향이 있다. 가령 항온 동물이라면 대형일수록 몸 표면에서 방열이 줄어들어 대사가 낮아진다. 또 변온 동물이라면 체온을 유지하기 위해 에너지를 소비할 필요가 없어 소형이라도 대사를 낮은 수준으로 억제할 수 있다.

변온 동물인 거북과 달리 공룡은 활발하게 움직이는 동물이라 그다지 오래 살지 못했던 모양이다. 소형 공룡은 특히 수명이 짧아 수각류인 트로오돈은 3~5년, 케라톱스류인 프시타코사우루스는 10년 정도 살았다. 반면 브라키오사우루스처럼 대형 용각류는 43년을 살았다는 자료도 있다. 가장 오래 산 개체는 100년 이상 살았다는 주장도 있다. 그러나 야생 동물이 천수를 누리는 일은 드물었다. 노쇠하지 않더라도 체력이 떨어지면 사망률이 높아지게 마련이다. 그래서 한계 수명 연구는 생각보다 까다로운 분야다.

재잘재잘

일본의 신석기 시대인 조몬 시대(기원전 1만 4,500년~기원전 300년) 인간의 평균 수명은 서른 살 정도였는데, 지금은 120살 넘게 사는 사람도 있다. 인간의 한계 수명조차 어느 정도인지 확실히 가늠할 수 없는데 공룡의 수명을 어찌 알겠는가.

## 이산화탄소 농도와 기온의 관계

연일 전해지는 지구 온난화 뉴스로 귀에 익숙한 이산화탄소도 공룡에게 영향을 주었다. 현재 이산화탄소 농도는 약 400ppm이다. 1ppm은 0.0001%로 대기 중 이산화탄소는 0.04%에 불과하다. 질소(78%)와 산소(21%)와 비교하면 새 발의 피 수준이다.

이렇게 적은 이산화탄소를 두고 왜 이렇게 호들갑을 떨까? 바로 이산화탄소가 기온을 좌우하는 중요한 역할을 하기 때문이다. 지구는 태양열자외선의 일부를 반사하는데, 이산화탄소에는 적외선을 흡수하는 성질이 있어 농도가 높아지면 대기 중에 열이 갇히게 된다.

다만 이산화탄소 증가를 억제하는 장치도 갖추어져 있다. 우리가 잘 아는 식물이다. 식물은 광합성 단계에서 이산화탄소를 소비해 이산화탄소가 대량으로 있으면 광합성이 활발해진다. 또 이산화탄소로 기온이 상승하면 극지 가까운 지역에서도 겨울에 휴면하지 않고 계속 성장할 수 있다.

석탄기약 3억5920만 년 전~2억9900만 년 전에는 식물이 이산화탄소를 부지런히 소비해 현재와 같은 수준까지 이산화탄소 농도가 내려갔다. 그러나 페름기에 접어들어 버섯 같은 균류가 나무를 야금야금 분해하자 이산화탄소 농도는 다시 상승하기 시작했다. 또 이산화탄소를 대량으로 방출하는 화산 활동이 활발해져, 쥐라기 초에는 이산화탄소가 0.14% 정도까지 상승했다.

그래서 쥐라기부터 백악기에는 거대한 식물이 무성하게 자랐고 그 식물을 먹는 초식 공룡도 거대하게 몸집을 키울 수 있었다.

# 4 장

# 공룡이라도
# 사랑이 하고 싶어

# 1 공룡의 성별은 뼈를 보면 알 수 있다?

공룡의 암수를 구분하는 건 어려운 일 가운데서도 가장 어려운 일. 말 그대로 난중지난難中之難이다. 커다란 아기를 낳는 포유류는 골반 모양이 수컷과 암컷이 다른 경향이 있다. 하지만 작은 알을 낳는 파충류는 골격에 큰 차이가 없다. 물론 생식기처럼 부드러운 조직은 화석으로 남지 않는다.

다만 어쩌다 소가 뒷걸음질 치다 쥐 잡는 격으로 요행히 성별을 가늠할 때도 있다. 아주 드문 사례인데 배 속에 알을 품은 화석이 발견된 적이 있다.

새는 번식기가 되면 알껍데기를 만들기 위해 칼슘을 '골수 뼈' 형태로 뒷다리 뼈에 축적한다. 이는 공룡과 같은 방식으로 골수 뼈가 발견되어 암컷이라고 판단한 사례도 있다. 반대로 알을 품는 중인 오비랍토르 화석에서는 알을 막 낳았을 터인데 골수 뼈가 발견되지 않아 수컷으로 추정하기도 했다. 이 화석으로 오비랍토르는 수컷이 알을 품었을 가능성이 있다는 가설이 제기되었다.

그 밖에도 암수의 외모가 다른 공룡이 있다. 예를 들어 케라톱스류인 프로토케라톱스는 프릴 모양이 두 종류인데, 암수에 따라 프릴 모양이 다르다는 주장이 있다. 다만 어느 쪽이 암컷이고 어느 쪽이 수컷인지는 알 수 없다.

또 파라사우롤로푸스Parasaurolophus 같은 조각류와 프테라노돈 같은 익룡은 수컷의 머리 돌기볏가 컸다고 추정된다. 그러나 어디까지나 공작이나 극락조 같은 조류의 수컷이 수수한 암컷과 대조적으로 화려한 외양이라는 사실을 바탕으로 짐작한 가설일 뿐이다.

재잘재잘

암컷과 수컷의 차이가 크면 다른 종이라고 여겨져,
다른 이름으로 기재된 공룡도 있다나 봐.

## 2 공룡도 춤으로 구애했다?

일상생활에서 그다지 구분하지 않는 단어로 '날개'와 '깃'이 있다. 깃은 한 장 한 장 깃털을 말하고, 날개는 앞다리가 변형되어 깃털로 덮인 기관을 가리킨다. 날개는 무슨 목적으로 존재할까? 물론 하늘을 날기 위해서다. 그러나 날개의 기원을 거슬러 올라가면 놀랍게도 '번식을 위한 목적'에서 출발했다.

공룡의 깃털은 본래 포유동물의 털처럼 바늘처럼 뾰족한 형태였다가 갈라져 나와 공기를 머금기 쉬운 솜털down이 되었고, 다시 한 개의 우축羽軸, shaft = 깃축이 빽빽하게 늘어선 깃털feather, 정우로 진화했다.

'깃털의 기원이 보온'이라고 설명했는데 깃털, 정확한 용어로 정우正羽는 체온을 유지하는 데 딱히 보탬이 되지 않는다. 현생 조류는 앞다리에 정우가 늘어서 날개를 이루는데, 날지 않는 공룡에게 정우는 불필요해 보인다.

그렇다면 어떠한 경위로 정우가 진화했을까? 구애 춤으로 이성의 관심을 끌기 위해서라는 가설을 세울 수 있다. 즉 정우가 엘비스 프레슬리의 번쩍번쩍 화려한 의상과 같은 역할을 했다. 앞다리를 뻗었을 때 정우에 장식이 있으면 겉보기에 화려하게 '비친다'. 그래서 나는 모습을 상상하기 어려운 오르니토미무스의 빈약한 날개에도 번듯한 정우가 늘어서 있다. 실제로 날지 않는 타조도 날개를 활짝 펼친 뒤 스텝을 밟으며 구애한다.

날개의 용도는 그밖에도 많다. 알을 품어 보온 효과를 높이거나 뜨거운 햇살과 쏟아지는 비에서 몸을 지키는 역할도 한다. 이처럼 요긴하게 쓰인 날개는 용도와 함께 크기도 점점 커졌다.

재잘 재잘
정우는 솜털보다 딱딱하고 튼튼해서 피부 보호에도 도움이 되었다나 봐.

뒤통수에 길쭉한 볏이 있어 도감에서 눈에 익은 파라사우롤로푸스 Parasaurolophus라는 공룡이 있다. 수수한 공룡이 많은 하드로사우루스과에서는 튀는 캐릭터로 기묘한 머리 모양 덕분에 기억하는 사람이 많다.

파라사우롤로푸스의 길쭉한 볏 안에는 뼈가 있고, 이 뼈는 코로 이어져 있다. 마치 얼굴 전체를 덮은 스노클링 마스크 같은 모양으로, 예전에는 볏을 수면에 내놓고 물속에서 호흡했다는 주장이 있었다. 그러나 후속 연구로 뼈 속의 뼈 끝부분에 구멍이 뚫려 있지 않아 스노클링 마스크로는 쓰지 않았음을 밝혀냈다. 그렇다면 길쭉한 볏은 도대체 왜 붙어 있었을까? 현재는 동료와 소통하거나 사랑을 외치기 위해 사용했다는 가설이 유력하다.

볏 내부에는 관이 지나 큰 소리를 내면 울려 멀리까지 퍼졌다. 피리 등 관악기와 같은 구조로 압축 공기로 작동하는 에어 혼air horn이라는 자전거 등에 다는 경적과 비슷한 '뿌앙!' 하는 소리를 냈다고 추정할 수 있다. 하드로사우루스과는 대부분 무리 생활을 했는데, 파라사우롤로푸스는 외로운 늑대처럼 단독 생활을 했다. 그래서 짝을 찾으려면 소리를 멀리까지 울려 퍼지게 만들어 자신의 존재를 알려야 했다.

볏이 짧고 끝이 구부러진 개체도 발견되었는데 볏이 길면 수컷, 짧으면 암컷이라는 주장도 있다. 이 주장이 옳다면 번식기에 들어서면 수컷이 암컷과 다른 음색의 소리를 내어 멀리서부터 사랑을 외쳤을 수도 있다. 참으로 낭만적인 공룡이다.

재잘재잘

볏 내부에는 후각 세포가 있어 멀리서 냄새를 맡는 데도
도움이 되었던 모양이다.

# 4 깃털이 돋아나고 공룡들은 사랑을 알았다

깃털은 원래 보온 용도였다가 차츰 깃털을 번식에서 비행으로 용도를 변경하게 되었다는 이야기를 앞에서 소개했다. 이번에는 깃털이 알을 품는 데 도움이 된다는 이야기다.

깃털 중에서도 솜털down은 공기를 머금어 솜털에 들어 있는 공기가 체온으로 따뜻하게 데워져 보온 효과를 낸다. 그래서 오리털 이불은 여러 겹 덮어서 보온 효과를 높이기보다 몸과 이불 사이에 담요를 추가로 덮지 않고 직접 몸에 덮는 게 더 따뜻하다. 아무튼 털로 체온을 일정하게 유지하게 되면서 비로소 '알을 품어서 부화'할 수 있게 되었다. 그러자 깃털 공룡 중에서 둥지를 지어 알을 품어 새끼를 까는 공룡이 나타났다. 예를 들어 '알 도둑', '포란 공룡' 같은 별명으로 알려진 오비랍토르(143쪽 참조)는 알을 한가운데 점을 중심으로 사방으로 바큇살 모양으로 뻗어 나가는 방사형 형태로 배치하고, 중심에 진을 치고 앉아 자신의 체온으로 알을 30~40℃로 품었다는 가설이 있다. 그러나 알을 품은 흔적이 발견된 공룡은 아주 소수. 대다수 공룡은 알을 낳기만 했던 모양이다. 다만 낳기만 하고 부모의 의무는 완전히 저버린 건 아니었다. 태양열과 지열로 알을 데우거나 부식토 속에 낳아 낙엽 등의 발효열로 데우는 등 부화를 위해 이런저런 방법을 동원했다는 사실이 연구를 통해 밝혀졌다.

참고로 현생 조류 대부분은 부화 시기가 되면 배에서 깃털을 일부 뽑아내 '포란반抱卵斑'을 만들어 피부가 알에 직접 닿게 두고 품는다. 포란반에는 수많은 혈관이 지나 다른 부위보다 열이 잘 전달된다. 공룡 중에서도 포란반을 만들었던 종이 있는지는 알 수 없으나, 있었더라도 화석으로 그 증거를 발견하는 건 하늘의 별 따기만큼 어려운 일이다.

재잘재잘

오비랍토르는 알을 뭉개 깨지 않도록 둥지 중심에는 알을 놓지 않고, 도넛 모양으로 알을 놓고 품었단다.

# 5 알을 품는 것만이 사랑은 아니다

많은 공룡이 알을 품었으나, 집단으로 둥지를 지은 흔적은 의외로 발견되지 않았다. 집단 둥지의 주요 목적은 포식자로부터의 방어다. 가령 펭귄은 집단 둥지로 감시의 눈이 구석구석까지 닿아 새끼를 노리는 도둑갈매기가 접근할 때 합창하듯 호들갑스러운 비명을 지르고 떼를 지어 시위하듯 소동을 부려 도둑을 쫓아낸다. 역시 머릿수는 무시할 수 없다. 떼로 덤비는 데 장사 없다.

무리는 알을 품을 때만 이점이 있다. 만약 부모가 알을 낳은 뒤 내버려 두고 어딘가로 가 버리면 집단 둥지는 알 도둑에게 어서 와서 드시라는 '차려 놓은 밥상'이 되어 버린다. 알은 영양가가 풍부해 인기가 있는 별식이라 '알을 품지 않는 공룡'에게 집단 둥지는 별다른 이점이 없다.

2019년에 고비 사막에서 발견된 집단 둥지의 주인은 의외로 '알을 품지 않는 공룡'으로 알려진 테리지노사우루스Therizinosaurus였다. 이 친구의 알 껍데기에는 섬세한 구멍이 송송 뚫려 있고, 알을 부식토 안에 묻어 발효열로 따뜻하게 품었다. 즉 부모가 알을 품지는 않았다고 추측했다. 그런데 집단 둥지 일대에서 부화 성공률(한 개 이상의 알이 부화한 둥지)은 60%로 높았다. 이 수치는 부모가 둥지를 지키는 새와 맞먹는 수준이다.

알을 품지 않는데 부화 성공률이 높은 이유는 부모가 둥지 주위에 남아 알을 감시했기 때문이라고 추정할 수 있다. 겉모습은 올버린처럼 우락부락해 보이는 공룡이 알을 지키며 새끼가 부화할 때를 이제나 저제나 마음 졸이며 기다렸다니….

알고 보니 새끼밖에 모르는 '새끼 바보'였던 것이다.

재잘재잘
> 현생 파충류와 조류는 알을 품는 유형과 품지 않고 낳기만 하는 유형으로 나뉜다. 개방된 공간에 알을 낳으면 부모가 알을 지킬 때가 많다.

# 6 가장 큰 알은 어느 정도?

대형 공룡의 알은 덩치에 맞게 큼직했다고 생각하기 쉬운데, 의외로 올망졸 망 아담했던 모양이다. 전체 길이가 30m를 넘는 최대급 용각류라도 알 크기 는 지름 25㎝ 이하였다. 쉽게 설명하면 인간 어머니가 메추리알을 낳는 정도 의 크기다.

그렇다면 조류가 낳은 것 중 가장 큰 알은 무엇이었을까? 얼마 전까 지는(얼마 전이라고 해도 수백 년 전이지만) 마다가스카르에 서식하던 흔히 '코끼 리새'라고 부르는 '에피오르니스Aepyornis maximus'가 낳은 알이 가장 컸다고 알려져 있다. 크기는 긴 쪽의 지름이 40㎝, 짧은 쪽이 32㎝이고, 무게는 10kg 에 달했다. 이렇게 큰 알을 낳은 코끼리새는 물론 커다란 새였으나, 그래도 머리 꼭대기까지 재도 키는 3m 남짓.

공룡과 비교하면 육아에 공을 들이는 편인 조류는 커다란 알을 조금 만 낳는 종류가 많다.

공룡은 그룹에 따라서 알 모양이 다르다. 예를 들어 용각류와 마이아 사우라Maiasaura의 알은 구형에 가깝고, 조류에 가까운 수각류는 달걀 같은 모양의 알을 낳았단다. 또 현생 파충류의 알껍데기는 모두 흰색인데, 적어도 오비랍토르의 일부는 알껍데기가 청록색이었음을 알 수 있다.

참고로 지금까지 발견된 공룡 알 중에서 가장 큰 알은 마크로엘롱가 툴리투스Macroelongatoolithus라 부르는 알로, 긴 쪽의 지름이 44㎝, 짧은 쪽의 지 름이 16㎝에 달한다. 이 주문처럼 어려운 이름은 알 자체에 붙여진 이름. 이 알을 낳은 공룡은 초대형 오비랍토류인 베이베일롱Beibeilong으로 알려졌다.

재잘재잘

참고로 가장 작은 공룡 알은 일본 효고현兵庫県에서 발견된 긴 쪽의 지름이 4.5㎝인 히메우리서스Himeoolithus. 히메우리서스도 공룡이 아니라 알의 이름이다.

# 7 오비랍토르는 알 도둑이 아니었다?

오비랍토르는 소형 공룡 중에서 제법 인기 종이다. 목이 길고 피부가 가죽 같고 볏과 비슷한 육수肉垂가 축 늘어진 큰화식조Southern cassowary와 비슷한 골질骨質 볏과 앵무새처럼 두툼한 부리가 특징이다. 이 공룡은 백악기 후기 몽골에서 나무 열매 등을 먹고 살았다고 추정된다. 나무 열매를 먹고 살았는데도 이 친구의 이름은 희한하게 '알 도둑'. 1920년대 초에 발견된 화석이 하필 프로토케라톱스(로 추정) 알 옆에서 발견되어 알을 훔쳐 먹었다는 주장이 나왔기 때문이다.

그런데 1933년에 새로운 사실이 판명되었다. 오비랍토르와 근연종 화석이 둥지에 가지런히 놓인 알을 감싸는 듯한 자세로 발견되었다. 또 같은 유형의 알 내부에서 오비랍토르류의 배胚, 부화하기 전의 새끼 뼈도 발견되었다. 즉 오비랍토르류는 알을 품어 부화시키는 공룡이었다!

그러자 최초에 발견된 오비랍토르도 알을 훔쳐 먹으려는 게 아니라 자신의 알을 품고 있었을 가능성이 있다는 지적이 제기되었다. 그래서 최근 오비랍토르는 '알 도둑'에서 '포란 공룡'으로 대대적인 이미지 변신에 성공했다.

하지만 '70년 넘게 묵은 억울한 누명을 벗었다.'고 단언할 수는 없다. 오비랍토르는 과일을 주식으로 하는 잡식성 공룡이었기 때문에 실제로는 다른 공룡의 알을 먹었을 가능성이 충분하다. 그런데 알을 먹는다고 꼭 '도둑'으로 몰아야 할까? 조류의 알만 먹는 아프리카알뱀Dasypeltis도 알 도둑으로 보아야 할지 물어보고 싶다.

재잘재잘
알을 품은 오비랍토르의 뼈를 조사했더니 골수 뼈가 없고 알 품기는 수컷의 역할로 추정된다는 이야기를 131쪽에서도 소개했다.

# 8 초대형 공룡의 어린 시절

용각류라고 하면 전체 길이가 30m는 너끈히 넘는 개체가 적지 않은 초대형 공룡인데, 이 덩치 큰 공룡도 갓 태어나 꼬물거리는 새끼 공룡일 때는 자그마하다. 알 크기는 최대 지름 25㎝를 넘지 않아 새끼 공룡은 다 자란 공룡과 비교하면 장난감 수준이다. 대신 한꺼번에 낳는 알의 개수가 많아 번식기 한 철에 알을 100개씩 낳는 공룡도 있었다.

용각류는 무리 생활을 했는데 번식기에는 땅바닥에 구멍을 파서 알을 낳았다. 알에서 부화한 새끼는 너무 작아 부모 주위를 아장아장 돌아다니다가는 자칫 밟힐 수도 있었다. 그래서 부화한 새끼는 바로 부모 곁을 떠나야 했다.

부모 품을 떠난 뒤에는 새끼들끼리 무리를 지어 서로 의지하며 살았다는 주장이 있다. 용각류 새끼는 부모의 축소판 같은 모습이라 절대 빠르다고는 할 수 없는 공룡이었다. 성체가 되기 전에 잡아 먹히는 신세를 면하기가 어려웠다. 그래서 많은 알을 낳았던 모양이다.

하지만 해가 지나 성체의 3분의 1 크기까지 성장하면 자신과 같은 종의 무리를 찾아 합류했다. 어른 공룡이 어린 공룡을 돌보아 주었다고는 생각할 수 없으나 몸집이 큰 어른 무리에 둘러싸이기만 해도 육식 공룡이 섣불리 손을 댈 수 없었다. 그래서 어느 정도 크기까지 성장하면 어지간해서는 죽지 않았던 모양이다.

재잘재잘
용각류인 라페토사우루스Rapetosaurus는 태어났을 때는
몸무게가 3.4kg이나 생후 39~77일이면 40kg까지 폭풍 성장했다.

## 9 육아 공룡이라고 하면 마이아사우라!

마이아사우라Maiasaura는 '착한 엄마 도마뱀'이라는 뜻이다. 왜 이런 이름을 붙였을까? 최초에 '새끼를 돌보는 모습'의 화석이 발견되며 육아 공룡으로 알려졌기 때문이다.

마이아사우라는 땅을 파서 지름 2~3m 정도인 구덩이 형태로 둥지를 지어 20개가량 알을 낳았다. 정성스럽게 땅을 파고 나서 알을 몇 미터 간격씩 떨어뜨려 가지런하게 정리한 모습의 둥지 화석이 발견되어 마이아사우라가 집단생활을 했음을 알 수 있었다. 그러나 마이아사우라는 알을 품지 않았다. 알 위에 낙엽 등을 층층이 쌓고 식물이 썩을 때 발생하는 열발효열로 알을 데웠다. 그런데도 마이아사우라가 육아 공룡으로 알려진 데는 다 이유가 있다.

마이아사우라 둥지에서 발견된 새끼 화석은 다리 관절이 미숙해 아직 걸음마를 할 수 없어 보였다. 그런데도 새끼의 치아가 닳아 있어 어미가 식물을 가져와서 새끼에게 주었다는 가설이 나왔다.

부화하자마자 둥지를 떠나는 유형의 새끼 새도 다리 관절이 미숙하다고 알려져 있다. 또 공룡은 부화 전에도 치아가 닳아 있기도 해 이를 육아의 결정적인 증거로 볼 수 없다는 반론도 있다.

조류는 대부분 새끼에게 먹이를 날라다 먹이며 기르는데, 마이아사우라는 '조반류에 속하는 조각류'다. 현재는 '새에 가까운 수각류'만 알을 품었다고 알려져 있는데 하물며 '조각류가 육아'를 했다니 선뜻 받아들이기 힘든 과감한 주장이기는 하다. 그런데도 마이아사우라의 육아 공룡설은 워낙 학계에서 돌풍을 일으켜 '육아 공룡'이라는 별명은 아직도 마이아사우라가 독점하고 있다.

재잘재잘

'마이아'는 '착한 엄마',
'사우라'는 '사우루스'의 여성형 명사로 '도마뱀'이라는 뜻이래.

# 10 티라노사우루스는 가족 단위로 사냥했다?

티라노사우루스는 탄탄한 근육질 몸매이며 거대한 머리는 정면에서 보면 넙데데하다. 게다가 전체 길이가 최대급이라 육식 공룡 중에서는 가장 무거운 공룡이었다. 그러나 추정 몸무게 7t은 속도를 내기에는 불리해 달리는 속도는 시속 20~30㎞로 그다지 빠르지 않았다. 이 정도 속도는 평균적인 인간이 전속력으로 달리는 수준과 다름없다.

티라노사우루스가 살던 백악기 후기 북아메리카에서는 알라모사우루스Alamosaurus를 제외한 거대하고 움직임이 둔한 용각류는 멸종했다. 그래서 그다지 빠르지 않았던 티라노사우루스는 '시체를 주식으로 삼았다'는 주장도 있다. 그러나 실제로 티라노사우루스가 살아 있는 사냥감을 덮쳤다는 증거도 발견되어 티라노사우루스의 사냥꾼설은 거의 정설로 받아들여지고 있다.

예전에는 화석이 단체로 발견되지 않아 티라노사우르스가 단독 생활을 했다고 추정했다. 그런데 2014년에 같은 장소에서 3마리의 발자국 화석이 발견되어 무리 생활을 했을 가능성이 제기되었다. 또 티라노사우루스는 성체와 새끼의 체형이 달라 12살 무렵까지는 뼈대가 가늘고 다리가 긴 모델 체형이라 겅중겅중 뛰어다니며 의외로 발이 빨랐을 수도 있다.

이러한 사실로 미루어 보아 가족이 사냥을 분업했을 가능성이 있다는 주장을 조심스럽게 내놓는 연구자도 있다. 먼저 예민한 후각으로 사냥감을 발견하면 새끼가 바람잡이처럼 뛰어나가 쫓으며 먹이를 유도하고 매복하고 있던 성체가 숨통을 끊는다는 시나리오다. 최강 육식 공룡이 그 정도로 손발을 맞추어 조직적인 사냥 기술을 습득했다면 아무리 날고 기는 트리케라톱스라고 해도 공손해질 수밖에 없다.

재잘재잘
티라노사우루스와 체급이 거의 같은 아프리카코끼리는 시속 40㎞ 정도로 '걷는다'. 코끼리는 몸이 너무 무거워 다리를 성큼성큼 들어 올려 '달릴 수' 없다.

## 중생대의 어류들

공룡 도감을 보다 보면 중생대 바다에는 어룡, 수장룡, 모사사우루스
Mosasaurus, 도마뱀, 아르켈론Archelon, 거북이 등 거대한 파충류가 자웅을 겨루던 시
대라는 인상을 받게 된다. 그러나 중생대라고 해도 바닷속은 파충류보다 어
류가 압도적으로 많았다.

　　중생대 물고기의 모습은 현재와 그다지 다르지 않았다. 중생대 데본
기에는 다양한 계통의 물고기가 등장해 이 시대를 '어류의 시대'라 부른다.
하지만 중생대에는 오늘날과 같은 경골어류硬骨魚類가 다수를 점했고, 상어를
비롯한 연골어류軟骨魚類는 이미 소수파로 판피류板皮類, 최초로 뼈가 생겨난 어류로 턱에는
이빨이 없고 턱뼈에 치장 돌기가 있었다-옮긴이인 둔클레오스테우스Dunkleosteus와 같은 '누
가 봐도 고생대' 바다를 누볐던 물고기는 진즉에 멸종했다. 그런데도 트라이
아스기 초기까지는 과밀형 치열을 가진 연골어류인 헬리코프리온Helicoprion
이 살아남았고, 실러캔스류는 쥐라기 말기까지 번영했다.

　　쥐라기 바다에서는 커다란 입을 활짝 벌려 플랑크톤을 걸러 먹었던
리드시크티스Leedsichthys가 경골어류 사상 최대인 전체 길이 16m로 몸집을
키웠다. 또 신생대 바다를 누비던 메갈로돈Megalodon만큼 유명하지는 않아도,
백악기 후기의 거대한 상어인 크레톡시리나Cretoxyrhina는 전체 길이 10m로
수장룡과 아르켈론의 포식자였다.

　　참고로 현재 바다에서 가장 큰 연골어류는 고래상어로 전체 길이가
18m다. 또한 가장 큰 경골어류는 전체 길이가 11m인 산갈치학명: Regalecus
glesne, 가장 큰 파충류는 '솔티'라는 별명으로 알려진 바다악어Saltwater crocodile
로 전체 길이가 33m인 거구다.

# 5장

# 공룡이 아닌 녀석들도
# 굉장해

# 1 중생대에는 악어도 열심히 살았다

'중생대는 공룡의 시대'라고 하지만, 이 말에는 살짝 어폐가 있다. 공룡이 천하를 제패한 시대는 쥐라기 이후. 그 전 시대인 트라이아스기는 온갖 파충류가 생태계 최강자 자리를 두고 치열하게 패권 경쟁을 벌이던 시대다. 그런 트라이아스기에 가장 세력을 확대한 생물은 크루로타르시Crurotarsi. 그중에서도 트라이아스기 말에 득세한 파솔라수쿠스Fasolasuchus는 전체 길이가 10m에 달하는 트라이아스기 지상 최대 육식 동물이었다. 크루로타르시는 다리가 몸 바로 아래에 나 있어 운동 능력이 높아 패권 경쟁에서 성공했다.

트라이아스기 초기는 산소 농도가 희박해 평지에서도 오늘날의 3천m급 산 정상과 산소 농도가 비슷한 수준이었다. 그래서 기낭을 발달시켜 산소를 효율적으로 흡수한 크루로타르시가 번성했다고 추정할 수 있다. 그런데 '다리가 몸 바로 아래', '기낭이 발달'했다는 설명, 뭔가 귀에 익지 않은가? 딩동댕, 공룡과 같은 특징이다. 크루로타르시는 원래 공룡과 같은 '지배 파충류'. 그런데 왜 트라이아스기에는 크루로타르시가 득세했을까? 쉽게 말해 선착순 경쟁에서 승리한 덕분이었다. 공룡보다 아주 약간 먼저 진화하며 우선권을 차지해 후발 주자인 공룡은 세력 확장에 애를 먹었을 수도 있다.

크루로타르시는 트라이아스기 말 대멸종에서 악어를 제외하고 멸종했다. 다만 그 뒤로도 중생대 악어류는 '장거리를 비교적 빠르게 이동할 수 있다.', '플랑크톤을 걸러서 먹을 수 있다.', '다리가 지느러미로 변신했다.', '식물을 먹을 수 있다.' 등 다양한 갈래로 진화했다. 이러한 다양한 악어 계통은 백악기 말에 대가 끊어지나, 지금까지도 따뜻한 지역 물가에서는 악어가 여전히 존재감을 과시하고 있다.

재잘 재잘
오늘날 악어의 다리는 몸 바로 아래가 아니라 도마뱀처럼 옆으로 뻗어 있다. 이런 변화는 물가에 적응하기 위해서였다고 추정할 수 있다.

## 2 우타츠사우루스는 바다로 돌아갔다

파충류는 어류, 양서류와 달리 건조한 환경에 강한 몸과 알을 낳는 습성을 획득해 물가를 떠나서 살 수 있게 되었다. 그런데 어룡은 굳이 바다로 돌아온 그룹이다.

고생대 말기에는 지구 역사상 최대로 일컬어지는 대멸종이 일어나 해양 생물의 96%가 멸종했다. 드넓은 바다에서 대형 동물이 생태계 피라미드에서 차지하던 자리가 공백 상태가 되며 생태적 틈새가 발생했다. 어쩌다 어룡의 조상이 바다로 진출했더니 경쟁자가 없어 물 만난 물고기 마냥 제 세상처럼 활개를 치게 되었다.

한편 공룡은 대부분 물속으로 진출하지 않았던 모양이다. 스피노사우루스처럼 물가에서 생활하던 공룡도 있으나, 다리를 지느러미로 바꾸고 완전한 수중 생활을 영위했던 공룡은 발견되지 않았다. 공룡이 바다로 진출하지 않았던 이유 중 하나로 어룡의 존재를 꼽을 수 있다.

어룡은 공룡의 출현보다 2,000만 년 일찍인 트라이아스기에 등장했다. 초기 어룡인 우타츠사우루스Utatsusaurus는 아직 등지느러미가 없고 꼬리지느러미도 발달 도중이라 헤엄치는 속도는 빠르지 않았을 터. 그러나 경쟁자가 없는 환경에서 선점 우위 효과로 생존 경쟁에서 승리했다. 발 빠르게 블루오션을 개척한 어룡은 진화를 거듭해 트라이아스기 말에는 이크티오사우루스Ichthyosaurus처럼 세련된 유형이 등장했다.

어룡은 돌고래와 닮은 모습으로 진화했는데 이는 '고속으로 헤엄쳐 사냥감을 잡을 수 있는' 돌고래와 비슷한 방식으로 생활했기 때문이다. 참고로 공룡과 마찬가지로 트라이아스기 후기에 나타난 수장룡은 바다를 선점한 어룡과 생태계 피라미드에서 자리가 겹치며 다른 모습으로 해양 진출을 달성했다.

재잘재잘

돌고래도 바다로 돌아간 포유류야. 중생대 말기에 바다의 대형 파충류가 멸종하고 나서 생긴 빈자리를 냉큼 비집고 들어간 영리한 친구지.

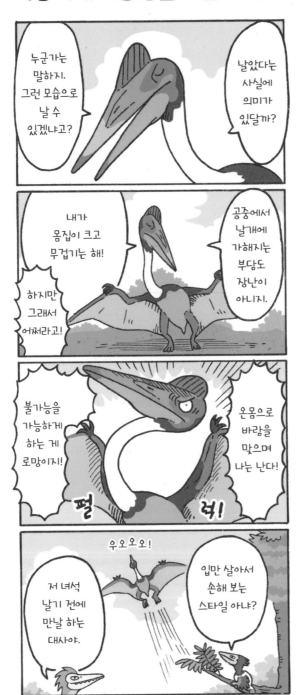

트라이아스기 후기에 최초로 하늘을 날았던 척추동물이 익룡이다. 일단 하늘에는 경쟁자가 없어서 날 수 있다는 사실만으로도 유리한 고지를 점할 수 있었다. 그 뒤 쥐라기에 접어들면서 익룡은 눈부신 발전을 거둔다. 참고로 고생대 메가네우라Meganeura라는 거대한 잠자리를 닮은 곤충은 진즉에 멸종해서 하늘에는 경쟁자가 전혀 없는 상태였다.

그런데 쥐라기 후기에 창공을 훨훨 나는 새가 등장한다. 깃털로 형성된 새의 날개는 더욱 정밀한 비행을 가능하게 했고 깃털이 손상되어도 털갈이로 새 깃털이 나서 비막으로 형성된 익룡의 날개보다 뛰어났다. 그러나 익룡은 이 난관을 극복하고 다음 시대인 백악기에도 확실한 존재감을 드러냈다. 익룡은 보디빌딩 선수들이 몸집을 불리듯 벌크업을 해서 몸집을 거대하게 만들어 백악기에도 살아남았다. 백악기 익룡은 대형 개체가 주류가 되었고, 백악기 후기에는 날개를 펼친 너비가 12m에 달하는 거대한 케찰코아틀루스Quetzalcoatlus 같은 종류까지 등장했다. 날개를 재빠르게 놀릴 수 있는 조류에 패배한 소형 익룡은 멸종하고, 대형 종류밖에 살아남을 수 없는 서식 환경 때문이다.

최대급 익룡이었던 케찰코아틀루스는 몸무게가 70kg에서 200kg으로 하늘을 나는 동물이라고는 상상할 수 없는 무게감이었다. 게다가 날개를 포개 네 발로 서면 기린 정도의 높이였기에 겉모습을 보고 날 수 없었다고 주장하는 연구자도 있다. 하지만 이런 모습으로 날 수 없었다면 날개는 거추장스러운 장식에 불과해 고생물 마니아로서 아쉬움에 입맛을 쩝쩝 다실 수밖에 없다. 역시 묵직한 몸으로 박력 있게 날개를 펄럭이며 훨훨 나는 모습을 보고 싶다는 욕심을 버릴 수 없다.

재잘재잘
현재 날 수 있는 새 중에 가장 무거운 새는 아프리카큰느시 학명: Ardeotis kori로 몸무게는 17kg. 이 무게는 자력으로 날 수 있는 새 무게의 한계로 여겨지고 있다.

# 4 거대 바다거북, 아르켈론

안녕하세요.

거북이랍니다.

둥둥 떠다니는 중이죠.

잠시 더 떠다닐까 합니다.

육지에서 사는 거북은 중생대를 통틀어 비교적 수수한 존재였다. 그러나 백악기 후기에 접어들자 바다로 진출한 거북 중에서 슈퍼스타가 등장한다. 바로 아르켈론Archelon이다. 아르켈론은 전체 길이 4m, 앞다리를 펼친 가로 너비가 4m에 달하는 사상 최대 거북. 몸무게도 대형 육식 공룡과 맞먹는 2t, 공룡 도감에서 소개되는 거의 유일한 거북이다.

아르켈론은 바다에서 감히 맞설 상대가 없는 무적 전사처럼 보이는데 알고 보면 연약한 존재였다. 아르켈론의 등은 탄력성이 있는 피부로 덮여 있어 우리가 아는 갑옷처럼 단단한 등 껍데기가 아니었다. 더욱이 물 저항성이 적은 얇은 형태라서 머리와 다리를 보호하지도 못했다.

그러나 워낙 덩치가 커서 함부로 깐족깐족 덤비는 녀석이 없었을 것도 같은데, 백악기 후기 바다에는 전체 길이가 4m 정도는 덩치라고도 부르기 민망한 귀여운 수준이었다. 아르켈론이 서식하던 북아메리카의 얕은 바다에는 아르켈론보다 훨씬 큰 모사사우루스과 틸로사우루스Tylosaurus와 백악기 최대 상어였던 크레톡시리나Cretoxyrhina mantelli가 버티고 있어서, 아르켈론은 아마 그들에게 잡아먹히는 신세가 아니었을까. 또 엘라스모사우루스Elasmosaurus와 같은 장경룡과 먹이를 두고 경쟁했을 수도 있다.

아르켈론은 사상 최대 거북이라는 타이틀을 거머쥐었으나 하필 아르켈론이 살았던 백악기 바다는 피 튀기는 격전지였다. 아르켈론의 화석은 겨우 5개체만 발견되었는데 그중 1개체는 오른쪽 뒷다리가 물어뜯겨 먹힌 듯한 상태로 발견되었다. 게다가 화석이 얕은 바다에서만 발견되어 난바다로 진출한 현재의 바다거북만큼 수영의 명수는 아니었을 가능성도 있다.

재잘재잘
아르켈론은 바다거북이라 모래 해변에 상륙해서 알을 낳았다고 추정한다.
반면 장경룡, 어룡, 모사사우루스과는 물속에서 새끼를 낳았다.

# 5 영화에 출현해 눈에 익은 후타바사우루스

애니메이션 〈도라에몽〉의 첫 번째 극장 개봉작인 '진구의 공룡 대탐험'에 피스케라는 수장룡후타바사우루스이 등장한다. 앞에서 소개해 이미 알겠지만 수장룡은 공룡이 아니다. 그러나 '진구와 수장룡 대탐험'이라는 제목으로는 어린이의 눈길을 끌기 어렵다고 생각해 1975년 잡지 연재 당시 편집자와 협의해 수장룡을 공룡으로 바꾸었다. 상업 출판에서는 이처럼 '부정해도 사람들의 관심을 유도할 수 있는 표현'이 필요할 때가 있다.

'굳이 제목을 바꿀 게 아니라, 애초에 수장룡 대신 공룡을 등장시켰으면 그만이잖아?'

이렇게 의문을 제기하는 독자도 있으리라. 하지만 주인공 '진구가 집 근처에서 알을 파낸다.'는 게 이야기의 줄거리였기에 어쩔 수 없는 선택이었다. 진구의 일본 원작 이름은 노비타, 노비타가 사는 나라는 일본, 어떻게든 일본에 사는 고대 생물을 등장시켜야 했다. 후타바사우루스의 화석은 1968년에 발견되었다. 일본 최초의 대형 파충류 전신 화석으로, 취미로 땅을 파서 화석을 찾던 고등학생이 발견해 뉴스에 대대적으로 보도되었다. 그래서 당시 어린이들도 귀에 익은 이름이라 만화에 등장시켰던 모양이다.

'알 발견'은 이 이야기의 주요 얼개이나 수장룡은 새끼를 직접 낳았기에 '후타바사우루스의 알'은 실제로 존재하지 않는다. 1987년에 배 속에 새끼를 품은 수장룡 화석이 발견되어 알게 된 사실이다. 참고로 〈도라에몽〉의 원작자인 후지코 F. 후지오는 고생물 마니아로 유명해, 1986년 쓴 〈진구와 용의 기사〉에서는 당시 최신 이론이던 '운석 충돌설'을 이야기의 줄거리로 삼았다.

중생대 바다에서 최강으로 일컬어지는 공룡은 전체 길이가 18m에 달하는 모사사우루스 호프만니Mosasaurus hoffmannii다. 겉보기에는 크로노사우루스 Kronosaurus 같은 '머리가 크고 목이 긴 수장룡플리오사우루스과'을 빼닮았는데, 모사사우루스는 '유린목有鱗目, Squamata'이라는 뱀과 도마뱀을 포함하는 파충강으로 분류된다.

모사사우루스과는 중생대 종반에 등장했다. 그들은 공룡 시대가 종말을 고한 대략 2,000만 년 전부터 바다를 지배했다. 모사사우루스과가 대성공을 거둔 시대는 어룡과 플리오사우루스과를 멸종으로 몰아넣은 '해양 무산소 사태'가 어느 정도 진정 국면에 접어들었을 때. 바다에서 대형 파충류의 빈자리를 용케 비집고 들어와 생태적 틈새를 잽싸게 차지한 눈치 빠른 굴러 들어온 돌이 바로 모사사우루스과의 조상이었다.

모사사우루스과는 바다에 신속하게 적응했다. 내로라하는 공룡들이 오랜 세월 진출하지 못한 바다는 대형 포식자의 자리가 공석으로 남아 있었다. 공룡 중에도 바다 적응을 시도한 종들이 있었다. 그러나 당시에는 아직 눈에 띄지 않는 존재였던 유린목에서 중생대 최강 바다의 패자가 등장해 공룡은 선수를 빼앗긴 형국이 되었다. 모사사우루스과는 머리가 몹시 크며 네 다리가 커다란 지느러미로 변신한 부분은 플리오사우루스과와 닮았다. 한편 모사사우루스과는 꼬리가 길고 어룡과 같은 꼬리지느러미가 있어 빠른 속도로 헤엄칠 수 있었다고 추정한다. 즉 플리오사우루스과와 어룡의 장점만 취해 바다의 사냥꾼이 될 수 있었다. 결국, 모사사우루스과는 바다의 최상위 포식자로 백악기 말까지 번성했기에 공룡은 오랫동안 염원하던 바다 진출을 달성하지 못하고 안타깝게 멸종했다.

재잘재잘

모사사우루스과가 공룡을 따돌리고 바다로 진출할 수 있었던 건 새끼를 직접 낳는 난태생이었기 때문이라는 주장이 있다. 물으로 올라와 알을 낳지 않고 물속에서 새끼를 낳았다는 가설이다.

# 7 공룡을 잡아먹던 포유류도 있었다

공룡이 지상을 제패한 중생대, 포유류는 조용히 엎드려서 때를 기다리고 있었다. 공룡과 포유류는 트라이아스기 후기 거의 같은 시기에 나타났는데, 왜 포유류는 공룡에게 뒤처졌을까? 확실한 이유는 알 수 없으나, 트라이아스기 같은 산소가 희박한 환경에서는 기낭을 지닌 공룡이 생존 경쟁에 유리했을 가능성이 있다. 쥐라기에 들어서자 지구 산소 농도가 높아졌다. 하지만 한번 선두를 빼앗기면 쉽게 추월할 수 없는 법. 그래서 포유류는 공룡의 활동이 둔해지는 밤에 살금살금 기어 나와 어둠을 틈타 움직이느라 색을 인식하는 능력이 퇴화하고 대신 청각과 후각이 발달했다. 지금도 포유류의 색 인식 능력이 그다지 뛰어나지 않은 건 공룡 시대 눈칫밥을 먹던 흔적이 남아 있기 때문이라고 할 수 있다.

그런데 최근 들어 이것이 그렇게 단순한 이야기가 아니라는 사실이 밝혀졌다. 중생대 포유류는 기껏해야 곰쥐라고도 부르는 이집트쥐 정도 크기라는 견해가 학계에서 지배적이었는데 '시바견 정도로 거대한' 레페노마무스Repenomamus의 화석이 발견되며 기존 학설을 수정해야 한다는 의견이 나오고 있다. 화석으로 발견된 레페노마무스 배 부분에서 케라톱스과인 프시타코사우루스를 잡아먹은 흔적까지 발견되었다. 딱하게 레페노마무스의 제물이 된 프시타코사우루스는 어린아이 정도 크기였고, 시바견 크기는 공룡 치고는 소형이다. 그런데도 이 발견은 '공룡의 눈을 피해 숨어서 곤충을 먹고 살던 작은 동물'이라는 이미지였던 포유류가 우리 생각보다 강하고 다양했음을 보여주는 중요한 증거라고 할 수 있다. 그리고 이러한 발견을 계기로 '새는 육식 포유류를 피하려고 하늘을 날기 시작했다.'라는 대담한 가설까지 불거져 나오며 포유류에 대한 상식을 뒤집고 있다.

재잘재잘

하늘다람쥐처럼 활공했다고 추정되는 볼라티코테리움Volaticotherium과 비버처럼 헤엄쳤다고 여겨지는 카스트로카우다Castorocauda 등, 포유류의 다양성을 보여 주는 증거가 속속 발견되고 있다.

## 누구나 화석을 발굴할 수 있다?

화석 발굴에는 특별한 허가가 필요하지 않다. 실제로 일본에서 발견된 공룡인 후타바사우루스와 카무이사우루스 화석만 해도 최초 발견자는 취미로 화석을 수집하던 일반인이었다. 우연히 발견한 화석 파편이 세기의 대발견으로 이어지는 행운도 있다.

그러나 어디서든 화석을 채집할 수 있는 건 아니다. 먼저 화석을 발굴하려면 목적하는 화석이 나올 시대 지층이 노출된 곳을 조사해야 한다. 그런데 유명한 지층은 지진과 광물 분야의 천연기념물로 지정되어 있을 때가 많다. 그리고 천연기념물 지정 지역에서는 화석뿐 아니라 곤충, 초목, 돌멩이조차 문화재보호법에 따라 허가 없이는 발굴 조사할 수 없다. 그러나 다행히 그런 지역에는 방문자 안내 센터가 있고 시설 측에 문의하면 화석 발굴 조사 허가가 나오는 장소와 신청 방법을 알려 준다.

참고로 해안과 강변은 대체로 국유지이나 산림은 사유지가 대부분이다. 그래서 지주의 허가 없이는 화석 발굴 조사는커녕 출입 허가조차 받을 수 없는 곳이 있어 주의가 필요하다.

또 세계로 눈을 돌려 캐나다 앨버타와 몽골 고비 사막 등 유명한 화석 산지에서 발굴 조사를 꿈꾸는 사람도 있다. 여행사에는 '화석 투어'를 기획해서 참가자를 모집하는 상품도 있어 경험 삼아 참가해 보는 방법도 있다.

6장

공룡 연구라는
로망

# 1 처음으로 이름이 붙여진 공룡은 메갈로사우루스

현재 이름이 붙여진 공룡은 1,100종이 넘는다는 이야기가 있는데, 이번에는 이름이 붙여진 1호 공룡 이야기를 살펴볼 차례다. 최초로 공룡에 이름을 붙인 건 지금으로부터 약 200년 전인 1824년. 영국의 지질학자인 윌리엄 버클랜드William Buckland가 18세기 말에 옥스퍼드셔주에서 발견한 대형 파충류 화석을 '메갈로사우루스Megalosaurus, 거대한 도마뱀'라고 기재해 학계에 보고한 게 최초였다. 아직 '공룡'이라는 용어가 없었던 시대의 이야기다.

최초로 이름이 붙여진 메갈로사우루스는 그다지 유명하지 않다. 발견 시기가 너무 일렀던 까닭에 대형 육식 공룡처럼 보이면 묻지도 따지지도 않고 메갈로사우루스라는 이름을 붙였기 때문이다. 비교적 최근까지 도감에서 소개하려고 해도 '이게 메갈로사우루스다!'라고 당당하게 말할 만한 상태의 사례가 없어 난감했다.

참고로 윌리엄 버클랜드는 영국 성공회에서 지질학 교수로 임명받은 성직자로 성경 구절에 반하는 주장은 할 수 없는 처지였다. 그래서 '이렇게 무식하게 큰 육식 파충류가 활보했다는 이야기는 성경에 없고, 공표해도 반기독교적 발언이라느니 이단이라느니 하는 뭇매를 맞기 십상'이라고 생각했는지, 주변 사람들의 등쌀에 떠밀려 소심하게 겨우 발표했던 모양이다.

실은 그전에도 공룡 뼈는 발견되었으나 코끼리나 거인의 뼈로 여겨지거나, 노아의 방주 시대에 죽은 미지의 동물 뼈로 치부되었다.

다윈이 《종의 기원》을 출간한 때가 1859년. 아직 종교가 과학에 강력한 영향력을 행사하던 시대였다.

**재잘재잘**
어룡인 이크티오사우루스와 수장룡인 플레시오사우루스는 1821년에 기재되었다. 모사사우루스는 1822년이니 메갈로사우루스와 같은 시대였다.

## 2 이구아노돈의 복원 변천

메갈로사우루스의 뒤를 이어 **두 번째로 이름이 붙은 공룡은 조각류인 이구아노돈**Iguanodon이었다. 영국의 동네 의사이자 아마추어 연구가였던 기디언 맨텔Gideon Mantell이 붙인 이름이다. 그의 아내인 메리가 길가에서 거무스름하게 빛나는 이빨 화석을 발견해 자다가도 벌떡 일어날 정도로 화석을 좋아하는 남편에게 줄 깜짝 선물로 집으로 가져왔다.

화석을 본 맨텔은 그 크기에 놀랐고, 화석의 주인공이 미지의 거대 생물임을 확신했다. 그러고는 현대 생물과 비교해 이구아나의 이빨을 빼닮았다는 사실을 규명해 1825년에 '이구아노돈 이구아나의 이빨'이라고 이름을 붙였다. 다만 이 시점에서는 전체 길이를 18m 정도라고 추측했으나, 어떤 모습이었는지는 확실히 알지 못했다.

그 뒤 다른 부위의 화석이 발견되었고 1854년에 오웬(173쪽)의 감수로 대형 실물 복원 모형이 제작되었다. 네 발로 걸으며 코 위에 뿔이 있는 뚱뚱한 이구아나 같은 모습이었다. 1878년에는 전신 골격이 여러 점 발견되어 코 위의 뿔은 앞다리 엄지발가락이라는 사실을 알게 되었다. 이 시대쯤 현재의 복원에 점점 가까워지는데, 아직 가슴을 활짝 펴고 직립한 '고질라 포즈'였다. 그러다 100년가량 세월이 흘러 '공룡 르네상스'가 일어났고, 공룡이 꼬리를 질질 끌지 않게 되며 이구아노돈도 예전보다 앞으로 몸을 숙인 자세로 수정되었다. 그러고는 다급하게 달릴 때를 제외하고는 앞다리를 땅에 대고 걷는 사족 보행 공룡으로 고쳐졌다.

이렇게 **공룡의 모습은 새로운 발견이 있을 때마다 갱신되어 예전의 모습과는 다른 모습으로 탈바꿈하는** 사례도 적지 않다. 그래서 마치 오래간만에 만난 중학교 동창처럼 훌쩍 변한 모습을 보며 감회에 젖어들 때가 있다.

재잘재잘
발견자인 맨텔은 고생물 연구에 푹 빠져 본업인 의사 일을 소홀하게 해 빚더미에 올라앉았다. 쪼들리는 살림을 나 몰라라하며 가정을 돌보지 않는 남편을 참다못한 아내 메리가 집을 나갔다는 슬픈 이야기다.

# 3 공룡 작명가 오웬은 다윈의 숙적

멸종한 거대 파충류에 '공룡류dinosauria'라는 이름을 부여한 건 리처드 오윈. Richard Owen이다. 오윈은 대영자연사박물관 창설에 참여하고 초대 관장이 된 당대 최고 비교해부학자. 메갈로사우루스·이구아노돈 화석과 현생 파충류의 다른 특징을 포착해 낸 오윈은 1842년, 새로운 분류군으로 '공룡류'를 제창했다.

　　1854년에는 런던 교외에 있는 크리스탈 팰리스Crystal Palace에서 메갈로사우루스와 이구아노돈 등 멸종한 대형 척추동물의 대형 실물 모형이 전시되었다. 전시회 감수는 오윈이 맡았고(현재와 복원 모습이 크게 다른 부분도 있었으니) 대중에게 '공룡'의 존재를 알리는 데 크게 이바지했다. 참고로 이 모형은 콘크리트 재질로 지금도 남아 있다.

　　오윈은 현장에서 화석 발굴은 하지 않았으나, 연체 동물인 앵무조개, 뉴질랜드의 거대 새 모아moa, 학명: Dinornithiformes, 오리너구리, 유대류 같은 분야에서 중요한 논문을 남겼고, 우제류와 유제류가 별도의 계통이라는 사실을 최초로 지적했다. 이처럼 수많은 실적과 명성을 얻은 오윈은 나이를 먹으며 독선적이고 공격적인 성격이 되어 갔는데 이것이 도를 넘어 누가 말만 붙여도 발끈하는 까칠한 노인으로 고립되어 갔다.

　　친분을 과시하며 친하게 지내던 찰스 다윈에게 퍼부은 공격이 유명하다. 다윈이《종의 기원》을 출간하자 오윈은 그간의 친분을 싹 저버리고 공격의 날을 세워 집요하게 비판하며 물고 늘어졌다. 유일신의 존재를 믿었던 오윈은 짐승이 인간으로 진화했다는 사실을 받아들일 수 없었는지 다윈에게 대놓고 반감을 드러냈고, 주위에서 사람이 떠나가고 학계에서까지 고립되며 만년까지 쓸쓸하게 살았다.

재잘 재잘

　　오윈이 감수한 메갈로사우루스와 이구아노돈 복원 모형은 지금도 런던 크리스탈 팰리스 공원Crystal Palace Park에서 관람할 수 있다.

# 4 공룡을 복제할 수 있으면 좋을 텐데

동물 복제 기술Cloning은 현실 세계에서도 연구가 진행되고 있다. 영화 〈쥐라기 공원〉에서는 호박 속 모기가 빤 공룡의 혈액에서 DNA를 추출해서 복제 공룡을 만들었는데, 과연 복제 공룡을 만들 수 있는 시대가 올까.

2017년 '호박에 갇힌 9,900만 년 전 진드기가 공룡의 혈액을 빨았다.'라는 논문이 발표되었다. "현실에서 쥐라기 공원을 만들 수 있다."며 학계와 대중의 관심이 쏟아졌는데, 이 진드기는 깃털 공룡의 혈액을 빨아 배를 빵빵하게 채워 평소 크기의 8배로 부풀었던 모양이다. 이 진드기에서 공룡의 DNA를 추출할 수 있을까?

DNA는 화학적으로 안정된 물질이나 521년이 지나면 반감이 된다. 즉 521년에 2분의 1, 1042년에 4분의 1밖에 남지 않아 설령 영하 5℃라는 이상적인 보존 상태에서도, 680만 년 뒤에는 DNA 구조가 모조리 붕괴했을 공산이 크다. 680만 년이라고 하면 상당히 긴 세월인데, 공룡이 멸종한 6,600만 년 전과 비교하면 새 발의 피 수준이다. 그래서 안타깝게도 현재 기준으로는 공룡의 DNA를 추출하는 작업은 고려하지 않고 있다.

다만 다른 접근법은 시도해 볼 수 있다. 새의 DNA를 조작해서 공룡의 조상으로 거슬러 올라가는 방법이다. 실제로 꼬리가 길고 부리 대신 주둥이가 길쭉한 닭인 '치키노사우루스Chickenosaurus'를 실험실에서 만들 수 있다는 연구자가 있기는 하다. 그러나 이는 어디까지나 '공룡과 닮은 생물'이고 윤리적인 비판도 제기될 수 있어 실제로 시도하지는 않았던 모양이다.

재잘재잘

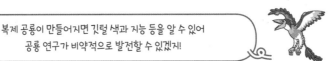
복제 공룡이 만들어지면 깃털 색과 지능 등을 알 수 있어
공룡 연구가 비약적으로 발전할 수 있겠지!

# 5 신종인가 개체 차이인가, 그것이 문제로다

공룡의 전신 골격은 좀처럼 발견되지 않기에 일반적으로 몸의 일부 화석을 바탕으로 신종인지 아닌지를 판별한다. 일부 뼈만으로 가까운 종류인 공룡을 구별하는 작업이 쉽지 않다는 사실은 여러분도 충분히 상상할 수 있으리라. 게다가 생물은 개체 차이가 있고 성체와 새끼, 수컷과 암컷이 크기뿐 아니라 모양이 다를 때가 있다. 그래서 연구가 진행됨에 따라 '동종이라고 생각했던 공룡이 알고 보니 별종이었다.'거나 '별종인 줄 알았더니 역시 동종이었다.'는 식으로 이론이 수정되는 사건을 학계에서는 흔하게 볼 수 있다.

그렇다면 '별종인 줄 알았는데 역시 동종'이라면 어느 쪽 이름이 살아남을까? 이번에도 선착순이다. 먼저 이름이 붙은 쪽이 임자다. 예를 들어 일정 나이 이상 세대에게 친숙한 브론토사우루스Brontosaurus라는 공룡이 예전에 있었다. 그런데 먼저 이름이 붙여진 아파토사우루스Apatosaurus 화석이 알고 보니 브론토사우루스의 젊은 개체라는 사실이 밝혀져 브론토사우루스라는 이름은 사라지고 아파토사우루스로 통일되었다.

2000년에는 예외 조치도 있었다. 티라노사우루스가 더 이전에 이름이 붙여진 마노스폰딜루스Manospondylus와 같은 종이라는 사실이 밝혀졌다. 본래대로라면 티라노사우루스의 이름이 사라져야 할 터인데, 티라노사우루스라는 이름은 너무 유명했다. 그래서 학계에서는 특례를 인정해 마노스폰딜루스를 무효로 처리하고 티라노사우루스의 이름을 그대로 두기로 결정했다.

재잘 재잘

2015년에 브론토사우루스는 아파토사우루스와 다른 공룡이라는 주장이 나왔다. 그래서 현재는 브론토사우루스라는 이름이 부활했다.

공룡 화석은 대개 치아와 뼈 일부만 발견된다. 그런데 도감에는 전신 복원도가 떡 하니 실려 있다. 상상력을 총동원했을까? 사실 가까운 종류의 공룡 모습을 참고해서 상상해서 그린 그림이다. 그래서 새로운 부위 화석이 발견되면 복원도가 완전히 달라질 때도 있다.

화석을 발굴하면 그 상태 그대로 연구실로 가져와 세심한 세척 과정을 거친다. 세척이라고 해서 물로 박박 닦는 작업이 아니다. 정밀한 드릴을 사용해 화석 주위의 암석을 갈아 내고 약한 산으로 암석을 녹여 바위에서 화석을 조심스럽게 끄집어내는 작업이다. 화석이 망가지지 않도록 신경을 써야 하는 작업으로 때로는 접착제로 보강하거나 현미경으로 관찰하며 꼼꼼하고 끈질기게 작업을 진행한다.

세척 작업을 마치고 화석을 끄집어내면 전 세계에서 수집된 화석과 비교하거나 과거의 논문을 이 잡듯 뒤져 어떤 종인지 판별한다. 이 과정에서는 상세한 정보를 읽어 내는 탐정 같은 능력이 필요하다. 아무리 작은 뼛조각이라도 눈에 띄는 특징을 발견한다면 표본과 자료를 대조해 종을 특정하거나 새로운 종으로 등록할 수 있다.

예를 들어 2018년에 일본 와카야마현和歌山県에서 발견된 이빨 화석은 '원뿔형으로 가느다랗게 세로 방향으로 홈이 있다.', '에나멜질이 두껍다.' 같은 정보로 스피노사우루스과 공룡임을 식별할 수 있었다. 다만 이빨로 알 수 있는 정보가 거기까지라 종까지는 알아내지 못했다. 탐정과 달리 증거가 없는 추리가 허용되지 않는 직업이 공룡학자다.

스피노사우루스는 이빨이 많고 몇 번씩 이갈이를 해서
빠진 이빨이 물속 진흙에 가라앉아 화석이 되기 쉽다.
그래서 공룡 박물관에 가면 기념품으로 팔고 있다.

# 7 파고 파고 또 파고

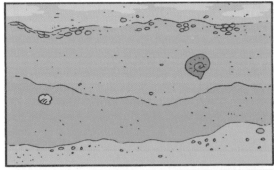

화석은 그 생물이 죽은 시대의 지층에서 발견된다. 시체가 땅속을 돌아다닐 수 없으니 말이다. 그래서 공룡 화석은 중생대 지층에서만 발견된다. 그렇다면 중생대 지층은 어디에 있을까? 무려 6,600만 년 이상 옛날이라 저 깊은 땅속이라고 생각하겠지만, 꼭 그렇지만은 않다. 지각 변동으로 깊은 지하에 있던 지층이 밀려 올라와 짠 하고 지표로 노출되는 곳도 있다. 도로 공사 과정에서 깎여 나간 절벽 등에서 삐뚤빼뚤한 밀푀유 같은 지층을 볼 수 있는데, 딱 그런 느낌이다.

최초로 공룡 화석이 발견된 곳은 서유럽이었으나 발굴 중심은 차츰 북아메리카로 이동했다. 그리고 19세기 후반부터 20세기 초에 걸쳐 고생물학자들이 입에서 단내가 나도록 분초를 다투며 땅을 파는 발굴 경쟁을 벌여 티라노사우루스, 알로사우루스, 아파토사우루스, 트리케라톱스 같은 누구나 아는 공룡을 발굴했다. 금을 찾는 사람들이 서부로 몰려들었듯 공룡판 골드 러시가 벌어졌다.

발굴 경쟁이 진정 국면에 접어들고 또한 두 번에 걸친 세계대전의 영향도 있고 해서 공룡에 관한 관심은 급속히 사그라들었다. 사양 산업이 되어 먼지를 뒤집어쓰고 곰팡내 나는 박물관 창고로 들어가기 직전이던 공룡 학계에 구세주처럼 등장한 인물이 있다. 존 오스트롬John H. Ostrom이다. 그는 1964년에 미국 몬태나주에서 발굴한 데이노니쿠스Deinonychus를 계기로 공룡 항온 동물설을 주장해 '공룡 르네상스'라는 열풍을 일으켰다고 앞에서도 이야기했다. 그리고 1996년에는 중국 랴오닝성에서 발굴된 '최초의 깃털 공룡'인 시노사우롭테릭스가 발표되어 공룡 연구는 한 걸음 앞으로 나아갈 수 있었다.

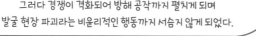

재잘재잘
19세기 후반, 에드워드 드링커 코프Edward Drinker Cope와 오스니얼 찰스 마시Othniel Charles Marsh는 앞서거니 뒤서거니 신종 공룡을 발견했다. 그러다 경쟁이 격화되어 방해 공작까지 펼치게 되며 발굴 현장 파괴라는 비윤리적인 행동까지 서슴지 않게 되었다.

백악기 6,600만 년 전에 공룡이 지상에서 홀연히 모습을 감춘 사건은 객관적인 사실이다. 이 시기에 공룡뿐 아니라 익룡과 수장룡, 모사사우루스과, 암모나이트 등도 멸종해, 모든 생물의 75% 종이 멸종할 정도로 환경이 격변했다. 그리고 이 시기를 경계로 지층도 크게 달라져 이 시대 이후를 '신생대'라고 구분해서 부른다.

공룡의 멸종 원인을 두고 100년 이상 전부터 이런저런 가설이 쏟아져 나왔다. 가령 '너무 거대해서 몸무게를 지탱할 수 없었다.', '독성 식물이 번성했다.', '성병이 만연했다.', '기후 변동으로 인한 성전환', '진화 과정에서 자멸' 등 살짝 제정신이 아닌 듯한 주장까지 포함해 60개가 넘는 가설이 있다. 대부분은 '독자적인 연구'로 객관적인 증거는 없다.

이렇게 갑갑한 상황이 이어지던 1980년대에 혜성처럼 등장한 가설이 '거대 운석설'이다. 이 가설은 중생대와 신생대 경계 지층에 이리듐Iridium, 원소 기호 Ir, 원자 번호 77번이 대량으로 포함되어 있다는 사실을 근거로 제시되었다. 이 리듐이라는 물질은 희소 원소로 운석에 다량 함유된 사례가 있다. 이 가설은 지금은 유력하게 받아들여지나, 발표 당시에는 '뭐, 운석? 무슨 자다가 봉창 두드리는 소리야?'라며 이에 대해 회의적 반응을 보이는 연구자가 적지 않았다. 그러나 1991년에 멕시코의 유카탄반도에서 운석이 떨어진 흔적지름이 160km 인 칙술루브 충돌구, Chicxulub crater이 발견되며 적어도 공룡이 멸종한 시기에 거대 운석이 떨어졌다는 부분은 확실한 사실로 받아들여지게 되었다.

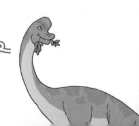

재잘재잘

인도 데칸고원에서 벌어진 거대 화산 활동이 공룡 멸종의 유력한 원인이라는 가설도 있어. 운석과 화산 활동이 복합되어 일어난 거대 재해였다는 주장도 학계에서 인기야.

## 9 대멸종에서 살아남은 공룡도 있다?

지구에 운석이 충돌했는데 왜 공룡이 멸종했을까? 멕시코 유카탄반도에 떨어진 지름 10㎞가량의 운석은 먼저 반경 1,000m에 이르는 모든 것을 파괴했다. 그 충격으로 암반에서 유황 가스가 뿜어져 나왔고 조각난 운석과 암반은 먼지가 되어 상공으로 용오름처럼 날아올랐다. 이 먼지구름은 오랫동안 태양을 가렸고 식물이 말라 죽어 식물을 먹고 살던 초식 공룡이 대량으로 폐사하고 그들을 잡아먹던 육식 공룡도 죽음에 이르렀다. 또 유황 가스는 산성비가 되어 쏟아지며 플랑크톤이 사멸해 바다에서도 연쇄 멸종이 일어났다고 추정한다.

이때 몸집이 1m를 넘는 육상 동물은 모조리 멸종했다는 가설이 있다. 조류도 75% 정도가 멸종했던 모양인데, 소형종이 많아 간신히 대가 끊어지지 않고 살아남을 수 있었다. 또 소형이었던 포유류는 23% 정도가 멸종했다고 추정된다.

현재 지구에 조류 이외의 공룡은 없으나, 대멸종에서 살아남은 생물이 있다는 주장이 있기는 하다. 2011년, 최대급 용각류인 알라모사우루스Alamosaurus의 대퇴골과 척추 화석을 '방사성 탄소 연대 측정법'으로 연대를 측정했더니 6,480만 년 전 생물이었음을 알 수 있었다. 이는 알라모사우루스가 신생대가 되고 나서도 120만 년 사이에 살았다는 증거. 1m 이상의 생물은 멸종했을 터인데, 30m가 넘는 알라모사우루스가 살아 있었다는 사실이 너무 충격적이라 이 가설은 거의 받아들여지지 않았다. 연대 측정 정확도가 현재 단계에서는 아직 낮아서 '오차 범위'라는 의견이 많았다.

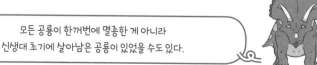

모든 공룡이 한꺼번에 멸종한 게 아니라
신생대 초기에 살아남은 공룡이 있었을 수도 있다.

# 10 공룡은 지금도 살아 있다?

"공룡은 지금도 살아 있나요?"

이런 질문을 받으면 이 책을 여기까지 읽은 독자라면 "물론이죠."라고 뜸 들이지 않고 바로 대답하지 않을까. 새는 공룡이니 말이다. 그러나 '비조류형 공룡'이 살아 있는지 묻는다면 "가능성은 0에 가깝다."고 크게 기대하지 않을 터. 그런데도 만약 대멸종에서 살아남은 공룡이 지금도 살고 있다면 어떤 모습일지 상상할 때가 있다.

백악기 대멸종에서는 담수에서 생존율이 높았다고 알려져 있다. 예컨대 양서류는 모든 과거 대멸종에서 살아남았다. 이는 운석 충돌 순간에 휩쓸려 올라간 광물에 알칼리성 칼슘이 다량 함유되어 있었기 때문이다. 바다와 비교하면 훨씬 얇은 담수 수역은 비처럼 내린 광물이 강바닥 등지에 축적되어 산성비를 중화했다고 추정할 수 있다.

또 조류 중에서는 식물의 씨앗을 먹는 종이 많이 살아남았다. 잎을 먹는 생물과 달리 씨앗을 주식으로 하면 식물이 말라도 한동안은 배를 곯지 않을 수 있다. 이러한 사실로 미루어 짐작해 보면 물가에 서식하던 씨앗을 주식으로 하는 소형 공룡이라면 대멸종에서 어찌어찌 목숨을 부지했을 수도 있다. 또 그 자손이 운 좋게 인간의 발길이 닿지 않는 먼 섬에서 외부와 격리된 상태로 살았다면 지금도 살아 있을 가능성이 전혀 없는 건 아니다.

다만 그런 공룡이 발견된다면 현재 보류 중인 '새와 파충류의 경계 문제'가 논쟁의 중심으로 떠오르게 된다. '살아 있는 공룡'이 있다면 각국 정부에서 '파충류'인지 '조류'인지를 두고 관료들이 골머리를 앓지 않을까. 출판업계에서도 《조류 도감》, 《양서류·파충류 도감》 중 어느 쪽에 실어야 할지를 두고 편집자가 머리를 싸매고 회의를 거쳐 결정해야 한다. 여러분이라면 어느 쪽 손을 들어 주고 싶은가?

재잘 재잘

현재는 두 종류밖에 없는 옛도마뱀목 Sphenodontia도 중생대에 번성한 파충류가 살아남은 덕분이다. 공룡도 어딘가에서 살아 있으면 좋겠다.

이 책은 어른이 될 때까지 공룡을 무시했는데 '이제야' 공룡에 관해 알고 싶어진 늦깎이 공룡 마니아 독자를 위해 썼다. 그래서 이 책에서는 익룡과 수장룡을 포함해 약 50종으로 특별히 엄선한 소수 정예 공룡을 소개한다 (참고로 어린이용 모 공룡 도감에는 500종가량 실려 있다).

그리고 공룡의 크기와 능력은 여러분도 아는 현생 조류와 파충류 등과 비교하려 노력했다. 공룡은 실제로 관찰할 수 없기에 상상력을 총동원해야 하는데, 현생 생물과 비교해 '딱히 특출한 스펙은 갖추고 있지 않았다.'는 사실이 전해졌다면 저자로서 뿌듯하다.

'공룡에 관한 지식은 하루가 다르게 달라져 굳이 기억하는 보람이 없다.'고 부정적으로 바라보는 사람도 있다. 그러나 관점을 바꾸어 긍정적으로 생각하면 '줄줄이 새로운 사실을 알 수 있어 하루하루 새롭다.'라고 볼 수도 있다.

여러분도 이 책을 통해 어엿한 공룡 마니아가 되는 첫걸음을 떼었다고 믿는다.

**도감 제작자 마루야마 다카시**

안녕하세요! 마쓰다입니다!

평소에는 새를 그리는 제가(졸저《시조새 짱》이외) 오랜만에 공룡을 그리다니! 이번 책은 신나게 즐기며 참여했습니다! 감수를 맡은 다나카 선생님, 집필자인 마루야마 선생님께는 정말로 많은 신세를 졌고, 공룡의 상세한 조형과 시대 배경 등 절대 '흔한 공룡 마니아 그림 작가'만으로는 완성할 수 없는 제대로 된 공룡 서적에 힘을 보탤 수 있어 정말로 영광이었습니다.

　　새삼 정말로 공룡, 고생물이라는 분야는 많은 사람의 상상력과 고증으로 성립하는 분야라는 사실을 깨달았습니다. 뿔 하나, 발톱 하나에도 온갖 가설과 해석이 있고 그 안에 엄청나게 다양한 가능성이 가득 차 있음을 알게 되었습니다.

　　부족한 그림이지만, 그 가능성의 일부를 아주 조금이라도 표현할 수 있기를 바랍니다.

　　이번 책에 참여할 기회를 주셔서 정말로 감사했습니다!

**만화가 마쓰다 유카**

# 찾아보기

監修 田中康平　著者 丸山貴史　マンガ マツダユカ　韓国版の監修者 이융남　訳者 서수지
デザイン 室田潤(細山田デザイン事務所)　編集協力 芦田安信、向笠修司

# 모든 공룡에게는
# 그들만의 이야기가 있다

1판 1쇄  2022년 1월 31일

감수 다나카 고헤이　글쓴이 마루야마 다카시　만화 마쓰다 유카　한국어판 감수 이융남　옮긴이 서수지
펴낸이 유경희　편집 이종식　디자인 레이첼
펴낸곳 레몬한스푼　출판등록 2021년 4월 23일 제2021-000083호
주소 35353 대전광역시 서구 도안동로 234, 316동 203호
전화 042-542-6567　팩스 042-542-6568　이메일 bababooks1@naver.com
인스타그램 bababooks2020.official
ISBN 979-11-969881-7-3  03400